奥雅纳亚洲超高层建筑集萃

奥雅纳　编著

中国建筑工业出版社

图书在版编目（CIP）数据

奥雅纳亚洲超高层建筑集萃/奥雅纳编著. —北京：
中国建筑工业出版社，2021.6
ISBN 978-7-112-26234-2

Ⅰ. ①奥⋯　Ⅱ. ①奥⋯　Ⅲ. ①高层建筑-建筑设计-
作品集-世界　Ⅳ. ①TU206

中国版本图书馆 CIP 数据核字（2021）第 112093 号

责任编辑：刘瑞霞
责任校对：李美娜

奥雅纳亚洲超高层建筑集萃
奥雅纳　编著
*
中国建筑工业出版社出版、发行（北京海淀三里河路 9 号）
各地新华书店、建筑书店经销
霸州市顺浩图文科技发展有限公司制版
天津图文方嘉印刷有限公司印刷
*
开本：850 毫米×1168 毫米　1/16　印张：13½　字数：229 千字
2021 年 6 月第一版　　2021 年 6 月第一次印刷
定价：**168.00** 元
ISBN 978-7-112-26234-2
（37734）

《奥雅纳亚洲超高层建筑集萃》编委会

主　　编：何伟明博士，奥雅纳院士，创新部董事

编　　辑：萧珮钧工程师，奥雅纳

　　　　　杨盈艳女士，奥雅纳

特约编辑：Ms Ruby Kitching

翻　　译：卢啸副教授，北京交通大学

关于奥雅纳

奥雅纳是全球众多知名项目的核心创意力量，横跨建筑环境的各个领域和不同行业。

奥雅纳成立于 1946 年，最初专注于结构工程，如今已发展成为多学科的咨询机构，在 33 个国家设有 88 个办事处，拥有逾 16000 名设计师、工程师、规划师和咨询师。

从互联互通的大型交通基础设施，到令人身心愉悦的美术馆和音乐厅，奥雅纳的项目重塑着生活空间，让人们的生活更便捷、更美好。

奥雅纳的项目类型多样，本书只涵盖高层建筑部分，却也可一窥其"一体设计"理念：客户、建筑师和工程师紧密协作，并聚集各专业的奥雅纳人，突破各自专业局限，形成整合思维，从而把握全局，促进创新，帮助业主和建筑师实现运营高效，兼具商业价值和社会效益的建筑。

这一设计理念的背后是其独特的研究、学习和知识共享平台——奥雅纳创研院。与传统的企业大学不同，奥雅纳创研院旨在建立并增强员工与行业之间的联系，以探索新想法，形成新技能，并追求卓越技术，以解决当今建筑环境中的一些重大问题，同时满足客户需求。

本书由奥雅纳创研院策划编纂，是公司远景的有力体现：致力于通过技术创新和知识分享，共同塑造更美好的世界。

序一

随着城市人口的快速增长，高层建筑已成为城市崛起、经济发展和技术进步的重要象征。这一趋势在亚洲尤为明显，伴随着人们对形式和性能的强烈追求，综合性高层建筑大量涌现，不断刷新着天际线。

从北京第一高楼中信大厦，到胡志明市天际线上的明珠地标塔81，这些摩天大楼的成功建造再次确立了奥雅纳业界引领者的地位。本书收录了奥雅纳过去20年间的18个高层项目，读者可以一窥设计流程，追踪设计演变，并了解背后的先进技术。

本书更展现了奥雅纳的"一体设计"理念在高层建筑领域的应用经验。综合性高层建筑已逐渐发展成为自成系统的垂直化微型城市。本书分为7章，分别回应特定的技术挑战，通过各专业的协同合作提出相应的解决方案。

当然，"一体设计"不仅仅是整合内部的专业知识，更是工程、建筑和施工技术的巧妙融合。每个展示项目都是创造性合作的成果——没有客户的信赖和合作伙伴的支持，我们就无法做到这一点。

这种创造性协作秉承了我们创新研究的传统——这是许多项目的重要组成部分，也是我们追求卓越的基础。我们率先提出的许多想法已成功运用于世界各地的众多高层建筑之中。探索新技术和新工具使我们立于市场前沿；与各方的紧密合作更使我们不断为客户、整个行业乃至整个社会创造价值。

我们希望通过本书分享设计故事，促进合作，推动创新和进步。我们也期待更多的交流，激发更多的创意，更上层楼。

郭家耀
奥雅纳东亚地区主席

序二

改革开放给中国带来了巨大的变化，使中国在短短的几十年间从"一穷二白"一跃而成为世界第二大经济体。其中一个突出的亮点是全国各地兴建的大量高层建筑。据世界高层建筑与都市人居学会（CTBUH）统计，中国是过去20年中在高层建筑领域发展最快的国家，成为当之无愧的高层建筑大国，这是所有参与中国建设事业的设计、施工单位共同努力的结果。奥雅纳作为一家全球性的工程咨询公司，也在其中作出了出色的贡献，奥雅纳参与设计建造的许多重大工程都成为当地的标志性建筑，在经济发展和社会生活中发挥了巨大的作用。

我与奥雅纳合作多年，对奥雅纳的创新精神、精湛技术、严谨作风和卓越的解决工程难题的能力十分敬佩。奥雅纳和我所在的华东建筑设计研究院合作完成了多项有较高设计难度的大型项目，给业主交出了满意的答卷。我们也从中学到了很多有益的经验，合作非常愉快。

此次奥雅纳在总结亚洲地区超高层建筑设计成果的基础上编著了《奥雅纳亚洲超高层建筑集萃》一书，我认为是一件非常有意义的工作。从中我们不仅可以读到这些富有特色的项目中蕴含的不同专业的技术精华，还可以看到奥雅纳运用现代前沿技术，推动工程设计向一体化设计发展所作的巨大努力和取得的成果。我们期待奥雅纳会有更多高水平成果出现，以推动工程建设事业走向新的高度。

汪大绥
全国工程勘察设计大师
华东建筑设计研究院资深总师
英国结构工程师学会资深会员

序三

超高层建筑能够成为一座城市，乃至一个国家的地标。正如我乘飞机在天空飞行，一看到中国尊（中信大厦）就知道我在北京的方位了。有人赞誉超高层建筑是大都市的能量，是世界级现代化城市的能力和意志的体现，我认同这一观点。因为每一座超高层建筑的落成，不仅展示了建造者和拥有者的实力，还展示了当今建筑设计的最高水准、最新建筑材料与设备的应用、施工技术与机械设备的进步以及现代工程建设管理水平的提升等等。就国家而言，众多超高层建筑的建设，也彰显了科技发展水平与综合国力的强大。

近 30 年来，尤其是进入 21 世纪后的 20 年，随着中国经济的持续、高速增长，中国建筑业取得了令世人瞩目的辉煌成就，成为了拉动中国经济的名副其实的"支柱产业"。在此期间，中国的超高层建筑得到了长足的发展。中国的建筑公司从给外国超高层建造专业分包商提供劳务服务，快速成长为专业分包商、施工总承包商、工程总承包商。随着国家经济实力的快速提升，各地城市超高层建筑大量涌现。据世界高层建筑与都市人居学会（CTBUH）统计，中国是过去 20 年在高层与超高层建筑领域发展最快的国家。2019 年全球建成的 126 座 200m 及以上高度的建筑中，有 57 座在中国，占比 45%。近 5 年，全球每年建成的最高建筑均位于中国。同时，当前全球最高的 20 座建筑中有 13 座在中国。

奥雅纳是全球规模最大、专业最齐全的工程顾问机构之一，也是从事超高层建筑的著名国际设计机构。作为最早参与中国超高层建筑建设的咨询设计公司之一，奥雅纳瞄准中国超高层建筑蓬勃发展之潮流，不仅为中国的超高层建筑发展提供了多学科的专业技能，解决了许多超高层结构设计的重大难题，而且伴随着中国超高层建筑的高速发展，奥雅纳在超高层建筑结构设计等方面积极进取，研发了许多创新性技术并获得了显著的领先优势。例如，奥雅纳独创的"参数化建模"体系，可以根据建筑师的空间要求和结构工程师的专业逻辑来设定计算规则，使用计算机软件来系统化地完成建筑几何每种可能迭代后的导出结果，供业主方理性抉择。利用该软件，每个方案仅需约两小时就可为业主提交对应的大厦结构设计模型及造价概算。

在过去的 20 年里，我有幸以工程总承包联合体总经理和业主代表身份组织了上海环球金融中心和北京中国尊（中信大厦）的建造，亲身感受到了奥雅纳精深的专业技能和优秀的服务意识。

近日，收到奥雅纳寄来的《奥雅纳亚洲超高层建筑集萃》样稿，非常高兴。该书囊括了奥雅纳在亚洲参与过的闻名全球的 18 幢超高层建筑代表作，不仅让全球建筑界，尤其超高层建筑的建筑师、工程师、开发商、承建商以及读者更全面地了解奥雅纳对中国及亚洲其他一些国家超高层建筑发展中所作出的杰出贡献，还可让大家更多地了解奥雅纳在涉及超高层建筑结构设计、抗震安全、消防性能化设计、绿色环保及节能、一体化设计、数字工具、BIM 正向设计等方面的研究及运用成果。相信奥雅纳的这些创新技术成果及经验，将会为今后中国、亚洲乃至全球的超高层建造在跨专业协同等方面提供十分宝贵的参考与借鉴。

王伍仁

教授级高级工程师

国家一级注册建造师

享受国务院政府特殊津贴专家

资深英国皇家特许建造师

中国建筑股份有限公司首任总工程师

上海环球金融中心总承包联合体总经理

中信和业投资有限公司原总经理

世界高层建筑与都市人居学会（CTBUH）

2020 年 Fazlur R. Khan 终身成就奖得主

序四

高层建筑不仅是人类社会城市发展的必然产物，也是人类自身追求多样、挑战极限的必然结果。高层建筑已成为现代城市土地资源稀缺的解决方案，同时也是解决人口增长、巨大能源消耗、气候变化等问题的一剂良药。高层建筑是时代的尖端产物，也是各种技术创新和综合应用的结果。作为城市文化品质的指标，高层建筑应和谐地融入城市环境之中，以保持城市生态。高层建筑还担负着抵抗强震和强风的重大责任，并面临着在火灾等紧急情况下及时疏散居民的挑战。由于高层建筑的使用寿命很长，其建筑成本也偏高。因此，高层建筑的设计应考虑到安全性、舒适性和可持续性。

随着全球经济中心的转移和亚洲国家的崛起，城市化正在亚洲各地快速推进，亚洲国家的高层建筑发展势不可挡。当今的数字技术、通信网络、新材料和高科技在促进高层建筑发展的同时，也给设计带来了挑战。

何伟明博士和他在奥雅纳的同事们已经接受了这些挑战。奥雅纳在亚洲拥有40多年的设计经验，在该地区的城市化进程中发挥了重要作用。他们结合本土见解和全球知识，造就了一系列具有里程碑意义的项目。本书展示了其在亚洲设计和建造的地标建筑中所使用的多学科技能与丰富经验。

香港理工大学建设及环境学院与奥雅纳有着长期的合作关系。除了为奥雅纳培养大量的工程师和管理人员之外，我们还与奥雅纳在高层建筑的研究上保持合作。何伟明博士是香港理工大学的校友和客席教授。本书无疑将为学生、教授、建筑师和工程师提供灵感和实践指导。奥雅纳在高层建筑方面的专业知识将继续帮助亚洲突破天际。

徐幼麟

美国土木工程师学会资深会员

美国工程力学研究所资深会员

香港工程师学会资深会员

英国结构工程师学会资深会员

严、麦、郭、钟智能结构教授

香港理工大学建设及环境学院院长

前言

高耸入云的摩天大楼不断挑战自然法则，成为令人惊叹的现代符号和城市标志。摩天大楼不仅象征着人们对未来发展的信心和经济崛起的希望，更承载着推动城市繁荣的具体功能。

本书描述的许多高层建筑犹如高效的垂直城市，在狭小土地上创造更多宜居空间。快速的城市化进程使高层建筑在亚洲蓬勃发展，方兴未艾，且有更高、更密之势。

作为一家全球性的工程咨询公司，奥雅纳在亚洲已有40多年的历史，见证和推动着这一地区的发展。我们参与设计了许多安全、高效、可持续的高层建筑，并使其成为城市独特亮丽的风景。尽管建筑的造型和功能日益复杂，且面临气候变化的挑战，奥雅纳利用最新的设计理念和数字工具将一个个惊世构想化为现实。随着建筑高度的增加，人们对舒适性和垂直运输的需求也越来越高。这些挑战促使工程师不断创新，让一座座摩天大楼拔地而起，巍然屹立。

鉴于市场所需，未来的高层建筑或许会比本书所述的要高得多，但同样需要克服诸多挑战。其中最令人期待的莫过于材料的发展——如何提高结构材料性能或使其更好地服务于结构、机电、安全或环境等系统，使各部分更有效地协同运作。这些都需要大胆突破，才能让创新落地，这使工程师乐在其中。

许多曾经被认为不可能的建筑方案现在都已投入使用，并成为下一代高层建筑的灵感来源。建筑的高度可能只是传奇的一部分，而使其真正成为时代经典的是背后一体化的设计方法——在设计中打破传统建筑、结构和机电等学科的界限。

鉴于此，本书的每章都呈现了这些建筑的特性，并详解奥雅纳的创新之处，既有巧妙的结构受力体系，也有上万块预制外墙面板安装得毫厘不差的基本原理，抑或是环保的机电策略。

奥雅纳在高层设计领域具有丰富的经验，在没有先例的情况下，乐于探索，这使我们始终处于业界前沿。"一体设计"理念，即跨专业合作的工作方式，确保我们能够提出最适合、最全面的解决方案。

亚洲拥有众多摩天大楼，高度超群，风格各异，主导着当今世界高层建筑的发展。我们希望，通过分享这些高层建筑背后的设计故事，邀请全球建筑界人士交流意见，更上层楼。

何伟明博士
奥雅纳院士

目录

高层建筑象征着社会经济实力，也体现着人们的城市自豪感。建筑越建越高，造型越来越奇。工程师如何挑战高度，让不断"更上层楼"成为现实？

高层建筑，尤其是造型奇特的高层建筑，往往在施工安全和成本方面面临着很高的风险。设计师和工程师如何促进施工，在确保安全的前提下缩短工期、降低成本？

第 3 章　垂直整合　69

很多高层建筑犹如"城中之城"——办公、酒店、零售和住宅等城市功能一应俱全。如何充分利用空间，让垂直城市更顺畅地运转？

第 4 章　安全舒适　89

在火灾、地震和超级台风等极端灾害下，很多人担心会被困在高层建筑内。那么我们高层建筑的设计足够安全吗？

第 5 章　绿色建筑　125

由于供暖、制冷和通风系统的能源消耗，高层建筑是城市碳排放的主要来源，也会对微气候产生不利影响。如何才能最大限度地减少高层建筑对环境的影响并发挥其潜在的环境优势?

第 6 章　数字工具　　　　　　　　　　　　　　149

数字工具正在改变建筑的设计方式，不但节省时间，也让设计师更有信心追求突破传统的建筑形式。数字工具还通过整合不同专业部门的工作方式，彻底改变了建造过程。

第 7 章　一体设计　　　　　　　　　　　　　　177

高层建筑的设计需要众多技术的有效整合，才能使复杂的系统网络在垂直城市中有效运行。这需要一体化的设计方式，通过协作实现最佳方案。

高层建筑的多维度思考

在现存而具历史价值的高层建筑中，最早的要数埃及的胡夫金字塔（又称吉萨大金字塔）——建于公元前 2600 年，高 146m，使用预先雕镂好的花岗岩堆砌而成。人类对建筑高度的追求从未停止。这种追求在古代可能是基于宗教原因，而到了现代则可能由市场、功能等驱动，或作为城市天际线的美景，抑或成为科技与文明的象征。

高度：不是唯一

谈论高层建筑，我们一般只说高度，但高度只是一个数字。如某超高层有 1000m 高，而人类只能到达其 650m 处，则其余 350m 只能远观，与镶嵌着美丽图画的画框无异；又或是一座 800m 高的大厦，建筑面积 31 万 m^2，只相当于 234m 高的中央电视台总部大楼面积的 70％，这样的高度也不过是一个简单、易感知的数字而已。

笔者并不反对高度，但提倡追求有实质功能、有意义的高度。中国社会科学财经院在 2019 年 6 月发表的《中国城市竞争力第 17 次报告（总报告）》中指出，预计到 2035 年，中国的城镇化比例将突破 70％，即城市人口将达到 9 亿 3 千 200 万，相当于 15 倍英国、3 倍美国，或者接近 1.25 倍欧洲人口。为解决数量庞大的迁往城市人口的居住需求，通常有两种办法，第一是扩大城市的版图，即向外发展，但这会增加对土地供应的需求，影响农业发展的同时也会破坏自然环境。城市化已经令农民人数减少，如果再大量影响农业发展，人类可能会面临粮食短缺。另外一个做法是以高层建筑方案来解决居住问题，即垂直城市的概念。

一般认为，高层建筑对能量的需求更高。从单一建筑来看，这诚然是对的，但不容忽视的是，前一种做法，即扩大城市版图，会大量增加人口的平面流动，也即需要更长的交通时间。如果没有完善的公共运输交通系统和工具，人们靠私家车通勤，不仅产生空气污染，还会造成交通堵塞。第二种做法，即发展高层建筑，其实缩短了平面交通时间而改为竖向流动，由于垂直交通所需能源少于水平交通，所以垂直城市方案的总体能量需求更少，也就是说发展高层建筑尤其必要。

长度：从空间到时间

说到建筑物的长，我们或许会想到近 9000 公里的长城，55 公里的港珠澳大桥，或者 3 公里长的北京首都机场 T3……然而长度除了用于空间量度，还可以与时间挂钩。笔者认为，我们设计建筑物应追求长远，做到可持续发展。希望业主、建筑师、工程师等在不断攻克高度挑战之时，也可以对可持续发展提出更高的要求，在设备及营运标准上实现可持续发展。

超高层建筑，作为城市的地标，具有领先的榜样力量，其蓬勃发展证明建筑工程技术的不断进步。如果可以分配资源实践绿色建筑科技，包括可再生能源、废弃物、废水管理应用，对建筑系统标准的提升将有重大的现实意义。

本书收录了三个绿建项目。新建的深圳平安国际金融中心在设计阶段即考虑使用高隔热玻璃和"免费冷却"（即利用温差使新风及凉爽空气从特定区域进入建筑物）等技术。

香港希慎广场重建项目在三个业态区开设"城市之窗"（图 1、图 2），这些洞口可以提高通风性能，降低屏风效应，有助于缓解城市热岛效应。该项目荣获香港首个 LEED-CS 2.0 白金级认证以及香港建筑环境评估体系 BEAM Plus 1.1 首个白金级认证。

图 1
"城市之窗"促进自然通风，改善周围地区的微气候
© Hysan Development Co. Ltd

图 2
空气流通性评估以证明"城市之窗"对风速的影响
© Arup

高层建筑的多维度思考

新建建筑给予设计者足够的发挥空间，老旧建筑的更新改造则不然，提升现有建筑效能对目前很多大城市的"老化"建筑是一个挑战。本书挑选了香港华润大厦改建项目作为示例（图3），以鼓励业界翻新旧有大楼并提升其效能。华润大厦是香港首个获得LEED金级（内部和外立面）认证的大型翻新项目，所做的改进包括节水27%（相当于每年节约5650m³水资源），减少8.3%的温室气体排放（相当于每年减少433t二氧化碳）以及能源消耗减少8.3%（550MW·h，相当于1700支荧光灯管以每天24h照明一年）。

图3
华润大厦翻新前后
左：© Arup
右：© Marcel Lam Photography

广度：精诚合作

高层建筑体量巨大，而且往往包含办公室、酒店、住宅、服务式公寓、观光层、餐厅及游泳池等不同的业态，设计团队亦相对庞大，除了建筑师、结构工程师、机电设备工程师，还有幕墙工程师、声学顾问以及按需邀请的灯光设计师、厨房设计师及园林设计师等。

各工种间相互配合，并为项目增值，我们称之为"软"技术，这是一项在大学里没有接触过的课题，可以说是最难的部分，一般要依靠设计师、工程师对各个专业的理解与认识。初入职场时，如能在"师傅"的指导下成长，便可从不同的工程或工作中找出亮点，做到敬业乐业。笔者有幸在一家鼓励跨专业合作的公司开展职业生涯，近30年来，在与同专业或不同专业同事的交流中不断学习。

比如，幕墙中费用最高的当属玻璃。曲面玻璃费用高，双曲面费用就更高，加上玻璃尺寸不一，会产生大量加工废料，造成不必要的浪费，也不利于环境保护。我们观察到这样的现象，进而思考解决问题的办法，在天津周大福金融中心项目中应用参数化技术对幕墙进行优化设计，大量节省成本（图4）。

图4
天津周大福金融中心项目中应用了参数化技术对幕墙进行优化设计
© Arup

上海环球金融中心是本书收录的项目中比较早期的作品，却是中国第一个使用消防性能化设计的高层建筑，具有里程碑意义（图5）。此后采用消防性能化设计的项目还有大家熟悉的京基100、广州塔、深圳平安国际金融中心、北京中信大厦（中国尊）等。

奥雅纳为中国高层建筑打开了消防性能化设计的大门，促进了全行业的进步。

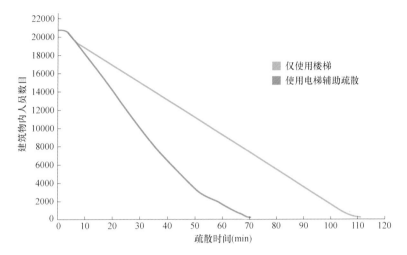

图 5
上海环球金融中心：通过电梯辅助疏散减少疏散时间

深度：不断创新

奥雅纳参与的工程包括 3km 长的北京首都国际机场 T3 航站楼；1.1km 长的北京大兴国际机场，320m 跨度的北京奥运会主场馆"鸟巢"、600m 高的广州塔、拥有 7 层深地下室的中国尊、1120000m^2 的重庆来福士以及 450000m^2 的中央电视台总部大楼（可能是世界上最大的无缝单体建筑）。这些可以说是结构工程师梦寐以求的项目——挑战越大，工程师的发挥空间也越大。

自 2000 年开始，奥雅纳参与了众多抗震超限高层项目的结构设计工作，例如北京财富中心一期是北京市最早通过超限高层抗震审查的项目之一。奥雅纳完成的超限审查报告内容翔实，论证充分，为国内超高层的设计技术交流与发展提供了有益的帮助。

330m 高的北京国贸三期 A 项目在方案公报后受到全国瞩目——这座当时的京城第一高楼也是当时全国抗震 8 度设防区的最高建筑。奥雅纳首次在国内采用性能化抗震设计方法，验证其"小震不坏、中震可修、大震不倒"的设防目标。除了采用非线性时程分析手段，还采用了组合钢板剪力墙（图 6）、偏心斜撑及半刚性伸臂桁架等结构系统，项目不仅得到通过，还通过振动台试验验证了非线性时程分析的结果（图 7）。组合钢板剪力墙的提出在业界引起广泛讨论，并受到各研究部门的关注，经过中国建筑科学研究院等合作单位的论证试验，其计算方法及公式现已纳入规范当中，并应用于广州周大福金融中心、天津 117 大厦、上海中心大厦及北京中信大厦等超限项目中。组合钢板剪力墙可谓中国高层建筑发展史上的又一个重要里程碑。

图 6
组合钢板剪力墙
© Arup

图 7
北京国贸三期 A 项目振动台
试验
© Arup

近年很多高层建筑都使用了伸臂桁架。笔者在 1995 年香港长江中心项目中应用了这项技术，并提出了可调节的伸臂节点，以释放在施工过程中因核心筒与外框不同步的竖向变形而产生的次内力——不可小看这力量，其大小可达到极限风荷载的效应。伸臂桁架虽然效率不错，但不应是唯一的结构方案，也不应一成不变。奥雅纳在伸臂桁架技术上不断改进，发展出后施工伸臂桁架、半刚性伸臂桁架、带黏性阻尼器的伸臂桁架，直至应用在重庆来福士项目的带结构保险丝的组合伸臂桁架。因篇幅所限，本书只收录了重庆来福士项目，有兴趣的读者可以参考笔者针对伸臂桁架而写的另一著作。

笔者初入职场时负责国内一座 180m 高大厦的工程设计，在 20 世纪 90 年代初算是很高；进入 21 世纪初叶，300m 高的建筑已司空见惯；之后便进入超高层（即超过 300m）时期，每一座超高层都颇具个性。中央电视台总部大楼的立面支撑图案是其自身受力分布的反映，体现了结构工程师对丰富建筑表现语言的作用！斜交网格体系刚度大，对外形变化的建筑物更为合适，如广州塔（"小蛮腰"）和广州国际金融中心（"西塔"）等。对于广州西塔，我们通过外斜撑，将底部变小，把楼面面积向上推往中区，以增加其价值，因为高层楼面的价值比低层的高。但高区为酒店，对设计及房间的大小有特定要求，所以高区楼面外轮廓尺寸要比中区小，再加上中庭，在高区未设置核心筒，因此，斜交网格是一个合适的方案（图 8）。

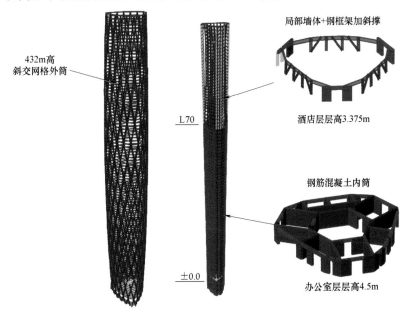

432m高
斜交网格外筒

局部墙体+钢框架加斜撑

酒店层层高3.375m

L70

钢筋混凝土内筒

±0.0

办公室层层高4.5m

图 8
广州国际金融中心（西塔）
外斜撑结构体系
ⓒ Arup

大连中心·裕景的双子塔，高区为酒店，大楼平面为方形切角（即五边形），切角随高度增大，并设有中空的中庭，由首层贯通至顶层，有点像没有封口的管子。为了强化结构，我们把人字形支撑与幕墙结合，产生巨柱＋巨斜撑的新体系。北京国贸三期A率先提出L形SRC组合柱方案。大连中心·裕景则应用内嵌不同钢截面的SRC异形柱，并以巨柱支撑全幢380m高的大楼，揭开了高层建筑巨型框架结构方案新的一页（图9）。

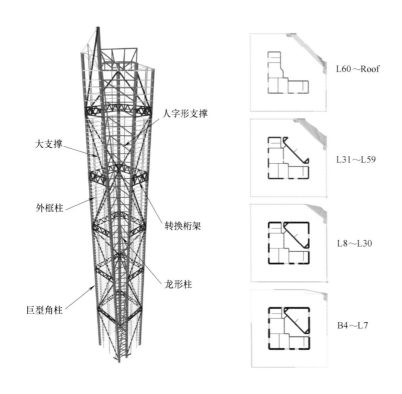

图9
大连中心·裕景：巨柱＋巨斜撑体系
© Arup

597m高的天津117接过了巨柱的棒——以"X"形支撑加四根巨柱为外筒，巨柱在首层的尺寸达到45m²！巨柱的设计有挑战，如何加工和安装也是难点。我们采用以施工为导向的思路，提出多舱式组合钢管混凝土柱，把柱子分为多个钢管，每节钢管的重量在塔吊的吊运能力之内，此外，还考虑了柱子要在高空中焊接、柱子尺寸往上缩小等问题（图10、图11）。笔者相信多舱式组合柱解决了超高层建筑中巨柱的痛点。天津117之后还有北京中信大厦，其底部外框同样只有四根柱。

笔者认为，我们追求的目标不应止于"好（Good）"，而是如奥雅纳爵士所言——追求卓越（Excellence）！要达到卓越，就要不断超越。北京中信大厦结合了奥雅纳在高层建筑中的过往经验及技术，如组合钢板剪力墙、巨型斜支撑、多舱式组合柱等，在处理结构的安全与施工挑战的基础上我们还要寻求更好的设计方法以快速回应业主对方案性价比的评估。奥雅纳在 2004 年已引入 3D 建模及仿真 BIM 技术，在"鸟巢"中大量应用，并在大连中心·裕景及天津 117 中使用了参数化工具。在北京中信大厦项目中，设计团队再次把参数化工具与优化模块结合，创造了"智能设计框架"（图 12），按高、中、低区的几何关系与结构互动，并考虑斜支撑的角度及楼面使用面积同时进行优化，在外形满足建筑要求的前提下，结构材料最优化后仍能释放出 8700m^2 的使用面积。北京中信大厦因此在 2019 年获得了英国结构工程师学会的高层建筑结构大奖。

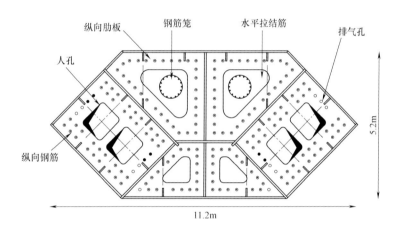

图 10
天津 117 巨柱平面图
© Arup

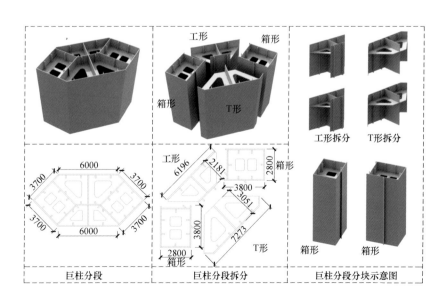

图 11
天津 117 巨柱施工构件图
© 中建三局

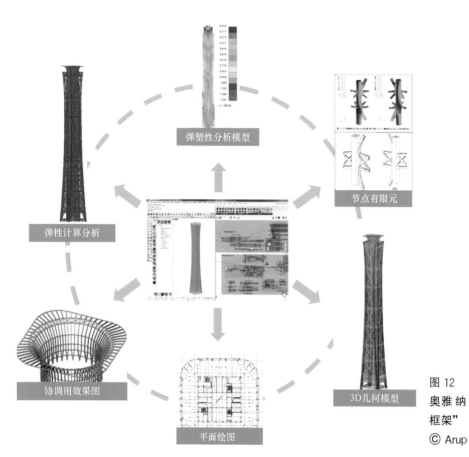

弹塑性分析模型

节点有限元

弹性计算分析

3D几何模型

协调用效果图

平面绘图

图 12
奥雅纳原创的"智能设计框架"
© Arup

很多人会问，高层建筑的高度有没有上限？笔者认为：有，也没有。有，是因为材料及物理上的限制；没有，是因为人的创意无限，可以通过创新思维、经验积累与技术创新，精益求精，把"好"做到"卓越"。

本书只收录了部分高层建筑项目的故事与大家分享，不能尽录，深感抱歉。希望本书能激发更多工程师对高层建筑产生热情，也希望大家多分享高层建筑项目的故事，让故事得以延续、流传，创造出更多的故事。

第 1 章
突破天际

　　人们的高楼情结可以追溯到儿时的搭积木游戏。出自结构工程师之手的高层建筑体量更高、更大（还要使其屹立不倒），更多的兴奋和激动也随之而来。

　　近年来，建筑外形越来越"奇"，对工程设计而言可谓机遇与挑战并存——不仅要实现前所未有的高度，还要承载突破传统的复杂结构。工程师与建筑师紧密合作，设计出创新的结构方案，这些框架结构体系，有的大胆外露成为建筑身份的表征，有的则完全隐身于建筑造型之中。

　　本章收录的高层建筑都在城市环境中留下了浓墨重彩的一笔：象征着城市的实力，也体现了市民对城市自豪感的精神需求。作为结构工程师，奥雅纳探索和运用多种方法，缔造这些城市地标，运用专业的计算机分析，并结合传统的巧思匠意，使其更安全、更高效。由伸臂桁架和支座、环状桁架和支撑等组成的结构系统，让建筑师的梦想从纸上落地，化作现实。

重庆来福士全貌
© Courtesy CapitaLand

案例 1a
重庆来福士

业主：	新加坡凯德置地
建筑设计：	摩西·萨夫迪建筑设计事务所、巴马丹拿集团、重庆市设计院
奥雅纳提供的主要服务：	所有设计阶段的岩土工程设计、结构设计、市政工程、消防安全工程以及可持续发展咨询
竣工年份：	2018 年
高度：	塔楼 T1 和 T6：228m
	塔楼 T2、T3S、T4S 和 T5：252m（包括高空连廊）
	塔楼 T3N 和 T4N：355m
楼层数：	地下室 3 层，地上 46~79 层不等
总建筑面积：	1129423m^2
建筑用途：	多功能综合体
总承建商：	中国建筑第三工程局有限公司负责 A 标段、中国建筑第八工程局有限公司负责 B 标段
项目负责人/供稿人：	梁金桐、张志强

重庆位于长江和嘉陵江交汇处，是中国中西部的经济中心和贸易重镇。自 1997 年成为直辖市之后，城市建设进入高速发展时期。

作为地标建筑，重庆来福士是重庆"繁荣之城""未来之城"的象征。这座城市综合体由八座超高层弧形建筑组成，形似古代帆船，寓意引领重庆扬帆启航。

北面最高的两座塔楼约 355m 高，构成了"帆船"的正面，与四座 252m 高的塔楼通过双层高空连廊相连（一条 20m 宽的人行天桥和 5m 宽的防火通道）。另外两座 228m 高的塔楼相对独立，位于六层裙房之上，完善了综合体的功能。

长达 280m 的水晶连廊横跨四座塔楼顶端。连廊由钢结构组成，再由外包玻璃幕墙共同构成建筑主体，内部设有酒店大堂、观景台、餐厅、游泳池和水疗中心。该综合体塔楼在平面布置、结构高度、高宽比等众多方面都超出了高层建筑的设计界限，每座塔楼也都有许多工程上的独创性，特别是北面两座最高塔楼的结构体系，

但设计难度最高、最复杂的还属高空连廊。

　　尽管工程师一直在设计高层建筑和大跨结构，但将高层住宅与高空大跨连廊两者组合在一起设计却是一个新课题，需要采取独特的方法来确保重庆来福士在结构体系设计和经济考量上的可行性。

　　四座塔楼与高空连廊的相互作用是设计过程中需要考虑的主要问题。例如是否应该让连廊与四座塔楼刚性连接，让其随着塔楼在强风、地震、沉降和温度等荷载作用下的运动而运动？或者应该将连廊与塔楼隔离开，这样连廊就不会受到塔楼侧向变形的相对影响。在这种隔振方案中，连廊是否有可能漂浮在离地面 250m 的高空？

　　在设计初期，尽管没有明确的解决方案，但工程师认为，由于重庆处于相对地震低烈度区，最经济的设计应该基于"正常"而非"极端"荷载工况。此外，该设计还需要结合其他措施，确保结构能够抵御重现期为 1600～2500 年的极端地震。两座最高的塔楼通过两座小连桥连接到高空连廊，在设计初期，工程师就认为应该在北塔附近各设置一段 1.8m 的柔性缓冲区域，以吸收不同塔楼间发生的巨大变形差。也就是说，这四座塔楼和其上方连廊可以作为一个独立于北塔之外的结构系统。

图 1a1

重庆来福士：由八座塔楼组成的城中之城，连廊横跨其中四座塔楼的顶部

© CapitaLand Ltd（China）

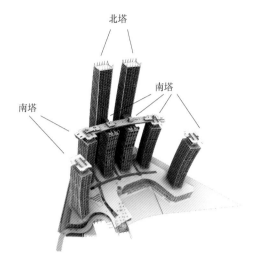

图 1a2

重庆来福士：城市综合体

© Arup

"漂浮"连廊

设计中考虑了连廊与塔楼的三种不同连接方案（图 1a3）。为了便于比较，首先分析了整体刚性连接形式的基本方案。由于连廊与塔楼刚性连接，这种连接方式将在结构内部产生非常大的内力，从而导致构件尺寸非常大，构造细节繁多。这些都会显著影响建造成本和建筑使用面积。

第二种方案考虑将连廊分成几个节段，每座塔楼支承一部分。当连廊各节段固定在塔楼顶部后，再通过设置伸缩缝连接各节段，并容许各节段彼此发生相对位移。对该方案的进一步分析表明，伸缩缝需要提供 3m 的相对变形量才能保证该系统正常工作。但能够提供如此大变形量的伸缩缝在连续光滑的连廊中会显得不太雅观，同样也会对室内空间的使用有诸多限制。此外，建造这种锤头状的塔楼需时更长，造价也更昂贵，因此该方案也被排除了。

图 1a3

探索连廊与塔楼间的连接形式

© Arup

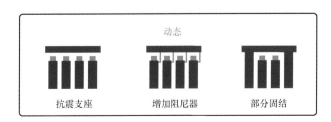

第三种方案探讨了支座的使用，这种方式能减小地震作用下从塔楼传递到连廊中的内力。通过支座动态连接连廊与四座塔楼会使结构更轻巧，这对建筑师很有吸引力，并且会比基本刚接方案更经济。为确定高效的支座布置方案，工程师进一步研究两种不同支座布置形式对结构的影响：第一种形式是在所有塔楼顶部均设置支座；第二种形式是仅在两个塔楼顶部设置支座，另外两个塔楼与连廊刚性连接。为了限制地震作用下连廊和塔楼相对位移并减小所需支座的尺寸，工程师还考虑加入阻尼器，以期通过附加阻尼系统，使结构变得更轻巧，从而降低材料成本。

由于刚性连接引起的问题（如刚性连接方案所述）及其高昂的建造成本，连廊与塔楼之间的刚接与隔振的混合连接方案也很快被排除。这样就只剩一个可能的解决方案了，即在四座塔楼顶部均设置支座连接连廊。

工程师对第三种连接工况总共进行了 900 次线性和非线性分析，每个分析的平均计算时间约为 30h，完成全部分析总共需花费约 27000h。

摩擦摆与铅橡胶支座

塔楼与连廊的连接考虑了摩擦摆支座和铅橡胶支座两种支座形式。两者均能抵抗小震或强风作用下不发生相对滑动，也能在更极端的荷载条件下发挥作用。由于铅橡胶支座不能抵抗重庆市的最大地震作用，尺寸大，而且该支座也很难更换，因此，铅橡胶支座的方案最终被排除。

相比之下，摩擦摆支座在高地震作用下运行良好，其摆动机制会使连廊在地震中"摇摆"回平衡位置。即使是在最极端的荷载条件下，支座也不用更换。

摩擦摆支座由一个位于下部的凹面板和一个铰接滑块组成，并位于复合衬垫上（图 1a4）。在正常使用情况下，摩擦摆是固定的，连廊不会移动，由小震、风和温度作用引起的应力将由主体结构承担。在中震或大震情况下，摩擦摆被激活，开始发挥作用，滑板向复合衬垫相反的方向滑动，并允许连廊以"漂浮"的形式与塔楼发生相对运动。以这种方式降低连廊和塔楼的相互作用，也能保护其玻璃幕墙和相对较柔的钢桁架结构免受损坏。

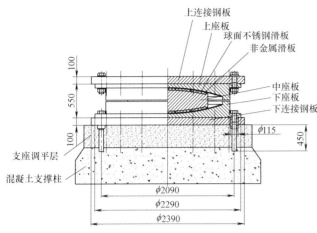

上连接钢板
上座板
球面不锈钢滑板
非金属滑板
中座板
下座板
下连接钢板
φ115
450
100
550
100
支座调平层
混凝土支撑柱
φ2090
φ2290
φ2390

图 1a4

摩擦摆支座

© Arup

支座设计微调

对摩擦摆支座性能的进一步分析考虑了支座的最优摩擦力和阻尼器的影响。摩擦摆支座中摩擦力比例越高，在摆动机构激活前，主体结构承担的力就越大。工程师对比研究了直径为 2.5m 和 1.5m、摩擦系数为 3% 和 10% 的支座性能。最终得到的优化方案是在四个塔楼顶部各使用 6 个直径为 2m、摩擦系数在 4%～7% 之间的摩擦摆支座来支承连廊。T4S 塔楼还设置了两个额外的支座（T4S 塔楼有一条 20m 宽的连接 T4N 塔楼的悬臂段）。

图 1a5

天桥在施工过程中分开 3 段，在地面预先建成，每段均重 1100t，随后逐段提升至 250m 高空与塔楼相连，贯通为 300m 长的水晶连廊

© Arup

进一步的分析表明，阻尼器有利于耗散地震能量，这样过大的内力以及连廊和塔楼之间的相对位移就不会进一步传递到连廊结构中。与基本方案相比，这种解决方案可进一步减少连廊钢结构的用钢量和对支座尺寸及承载力的需求。

双塔的设计

重庆来福士的两座北塔高 355m，平面尺寸仅为 38m×38m，高宽比达到了 9.4（大多数超高层建筑的高宽比小于 8）。因此，必须采取特殊的措施才能使这两座超级细长的建筑物抵挡该地区普遍存在的风荷载和地震作用。为了满足结构鲁棒性需求，细长的建筑物通常采用巨型柱和支撑巨型框架的抗侧力体系。由于这两座塔楼将作为酒店公寓和住宅使用，故建筑师不希望庞大的巨型支撑框架遮挡视野。

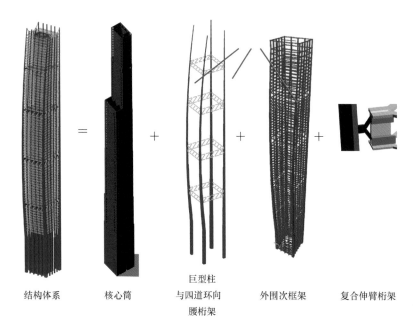

结构体系　　核心筒　　巨型柱　　外围次框架　　复合伸臂桁架
　　　　　　　　　　与四道环向
　　　　　　　　　　腰桁架

图 1a6
重庆来福士两座北塔楼的结构体系组成，能够很好地保留建筑外在视野
© Arup

8 座弯曲塔楼北面最高两栋高达 350m，项目总结构用钢量有 7万 t。由于用钢量巨大，所有钢结构组件在到达施工现场之前就分别在三个场地完成预制和准备工作，以保证工程施工和项目进度。

建筑用途不同，建筑设计的限制也不尽相同，因此，上述问题对其他六座塔楼并不明显。较矮、较粗壮的南塔楼可以采用剪力墙、传统伸臂桁架和框架组合而成的抗侧力体系来实现所需的稳定性。

尽管如此，为了使北塔的住户具有更好的视野，必须选择其他结构方案。最终方案摒弃了庞大的巨型支撑框架体系，在建筑的每个角落设置巨柱，并沿建筑立面均匀设置四道腰桁架和外围次框架。伸臂桁架则连接内部混凝土核心筒和角部巨柱，就像滑雪者用胳膊和肩膀抓住滑雪杆一样，其主要作用是保证结构在地震和强风作用下的稳定性。如果伸臂桁架的"手臂"全部采用8m高的混凝土构件来抵抗大震作用，这将大大降低建筑物的楼面使用面积，从而降低其经济性。如果采用钢结构来设计伸臂桁架，虽然伸臂的尺寸可以更小，但其造价会更高，施工时间也更长。

为了结合混凝土造价便宜和钢结构高强和高延性的优势，奥雅纳研发了一种组合伸臂桁架，其中混凝土部分可以与混凝土核心筒同时施工。该组合伸臂体系由连接到核心筒的混凝土部分和连接到巨柱的钢结构部分组成。钢结构部分还集成了一个耗能"保险丝"，使其能够同时满足正常和极端荷载条件下的功能需求（图1a7）。

图 1a7

钢结构组件

© Arup

在风荷载和较小地震作用下（50年重现期），组合伸臂桁架提供必要的刚度以维持结构稳定，此时"保险丝"构件保持完好。在中震（重现期为475年）或大震（重现期为1600～2500年）作用下，保险丝将首先屈服，通过耗能减小建筑物较大的地震作用，而使伸臂系统的其他连接部分如巨柱和核心墙免于破坏。该设计认为，这种钢"保险丝"构件在屈服后可采用切除的方式进行更换，使建筑物恢复到正常工作状态。

总体而言，每座塔楼的四个避难层均采用了四个伸臂桁架。与全钢伸臂桁架方案相比，该设计节省了大约50%的成本。与纯钢或纯混凝土方案相比，组合伸臂的施工速度更快，可进一步节省成本。

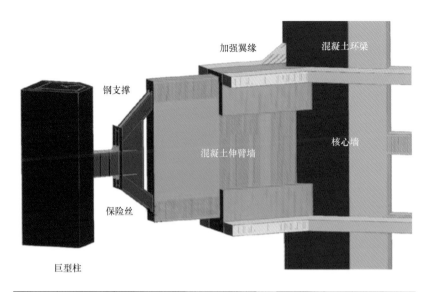

加强翼缘　　　混凝土环梁

钢支撑

混凝土伸臂墙　　　核心墙

保险丝

巨型柱

图 1a8

组合伸臂桁细明图示与实物图

© Arup

如果伸臂桁架采用纯钢结构，在每个避难层的钢结构伸臂安装就位时，楼面施工及所有其他施工活动将不得不等待一到两个月。而采用组合伸臂桁架，避难层的核心筒施工速度会更快。

　　工程师对伸臂桁架的主要构件进行了精心的设计和试验，试验中采用了缩尺构件来验证其屈服机制。主要包括规定"保险丝"中低屈服点钢材的强度以保证其最先屈服，精心设计其他钢和混凝土构件的构造措施以保证其足够的鲁棒性。

　　组合伸臂桁架解决了在地震区设计大高宽比高层建筑的独特挑战。该方案在世界范围内由奥雅纳率先提出，并注册了相应的专利，为挑战设计其他高效高层建筑开辟了新的可能性。

图 1a9

伸臂桁架缩尺试验

© Arup

结构效率与创新

　　重庆来福士的设计核心是希望采用最恰当的结构实现最优雅的塔楼和高空连廊，同时通过应用创新的解决方案进一步提高效率。连廊的摩擦摆方案和北塔的组合伸臂桁架设计共同为该结构节省了大量的成本，同时也实现了建筑师和客户建造具有里程碑意义的"天空之城"的愿望。

名铸大厦全貌

© Arup

案例 1b
香港名铸（K11）

业主：	香港市区重建局和新世界发展有限公司
建筑设计：	刘荣广伍振民建筑师有限公司（DLN）
奥雅纳提供的主要服务：	结构与岩土工程设计
竣工年份：	2009 年
高度：	260m
楼层数：	64（及 4 层地下室）
总建筑面积：	100000m^2
建筑用途：	酒店、住宅与商场
总承建商：	协兴建筑有限公司
项目负责人：	关建祺

名铸（K11）位于尖沙咀的繁华地带，高约 260m，是香港最高的住宅楼之一。楼下是 K11 "艺术"商场（以香港市区重建局指定的建筑开发编号命名），将艺术与购物有机融合，为游客提供独特的购物体验。

尖沙咀是高端商场、餐厅和博物馆汇聚之地，深受游客欢迎。然而，一些不合时宜的老旧建筑使部分区域略显萧条。自 2001 年起，市区重建局鼓励和推广市区更新，并与业主新世界发展有限公司一起率先建造了 68 层的名铸，为该地区注入新的活力。

超高超细

名铸顶部 40 层为住宅，中部 21 层为五星级酒店。8 层裙房延伸至地下，包括 6 层商场（2 层位于地下室）和 2 层地下停车场（图 1b1）。塔楼平面形状为倒角矩形，长约 80m，宽仅为 18m（中心最大宽度约为 24m）。裙房在塔楼的长立面方向向南延伸。

建筑高宽比约为 12，结构细长。塔楼内剪力墙的布置形式及其狭长的楼层平面非常符合居住需求，使建筑净使用面积最大化，让住户可以欣赏九龙和维多利亚港的美景（图 1b2）。

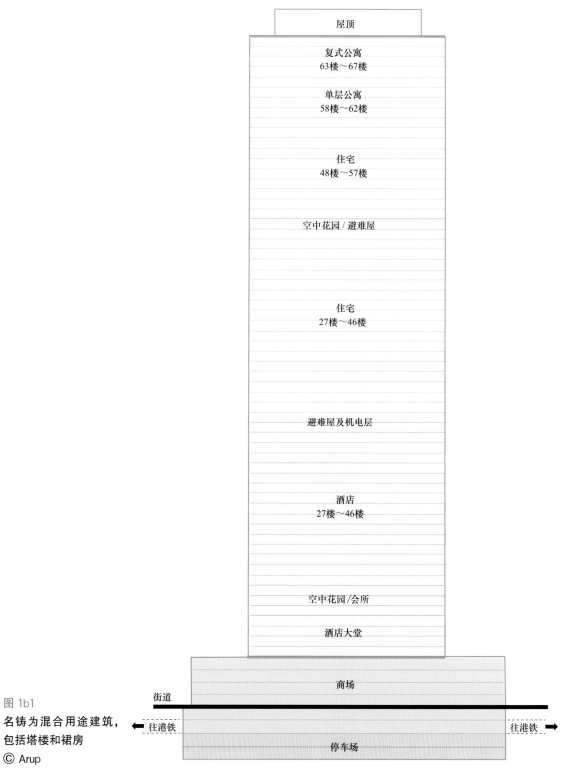

屋顶

复式公寓
63楼～67楼

单层公寓
58楼～62楼

住宅
48楼～57楼

空中花园 / 避难屋

住宅
27楼～46楼

避难屋及机电层

酒店
27楼～46楼

空中花园/会所

酒店大堂

商场

街道

往港铁 ◄---   ---► 往港铁

停车场

图 1b1
名铸为混合用途建筑，
包括塔楼和裙房
© Arup

图 1b2

住户可欣赏九龙和维多利亚港的美景

© Arup

功能决定形式

名铸最显著的建筑特征就是其纤细的外形，但要将其从"纸上"落实到"地上"却要解决许多结构难题。所以，有别于以往的建筑师主导，在名铸的设计过程中，结构工程师起到了主导作用。事实上，名铸可谓"结构功能决定建筑形式"的经典案例——其主要结构特征（沿建筑外形凸出的核心筒体和两道环状桁架）表现为相应的建筑造型。

出于经济因素的考虑，名铸的主体结构采用了比钢材料更重的钢筋混凝土，这种做法在香港的摩天大楼中比较少见。塔楼的主要抗侧力体系由核心筒和众多连肢剪力墙组成（图 1b3）。其裙房则采用更传统的框架结构。整个建筑的典型楼板厚度为 150mm。

提出这一方案时，奥雅纳面临的第一个挑战就是确保建筑满足设计规范中细长建筑的变形限值。在典型风荷载作用下，原始方案塔楼的变形超过了规范允许值。

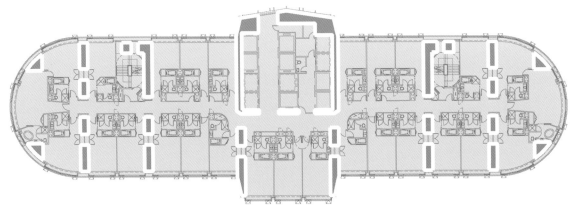

图 1b3
原始方案：名铸标准层内竖向构件布置
© Arup

腰桁架和伸臂桁架体系

为了控制塔顶的变形，奥雅纳在裙房内设置了庞大的伸臂系统，以提高结构侧向刚度（图 1b4）：即在第 7 层到第 8 层之间增设一对伸臂梁（10.5m 高×3m 宽，与 4m 厚的转换板相结合），并将其连接到截面尺寸约为 3.14m×3.14m 的巨柱上。这样既提高了塔楼侧向稳定性，也减小了塔楼内柱和墙的尺寸。

为了增强每个构件的刚度，混凝土巨柱不仅内嵌了十字截面型钢，还配置了大量钢筋。核心筒、伸臂梁和巨柱共同承载了 65% 的风荷载，其余部分主要由塔楼内的剪力墙承担。

奥雅纳还通过缩尺模型的风洞试验确定了建筑在风荷载作用下所承受的合理水平力。试验证明，在设计中可使用较低但更真实的风荷载值作为设计值。这也意味着大楼不需要通过阻尼系统来减振，使得名铸成为香港最纤细的不采用阻尼减振系统的建筑。

采用伸臂虽然控制了塔楼在风荷载作用下的变形，却引起了结构体系的扭转效应。此外，由于建筑物的剪力墙和核心筒均沿南北方向布置，东西（长）方向的抗侧刚度仅由每层外围的梁柱提供。某一个方向上的刚度明显薄弱会降低建筑物的稳定性，在无法增设剪力墙的情况下，解决方案必须采取更加谨慎的加强措施。

为了解决上述问题，设计方案在第 25～27 层以及第 47～48 层之间增设两道环带桁架，将荷载传递给更多的柱子，进而提高塔楼的抗侧刚度。与司空见惯的方形高层建筑相比，名铸非常纤细，所以特意设计了环带桁架，以增强结构短轴刚度。为了降低成本，只有桁架的斜腹杆采用了钢构件；水平的上、下弦杆均采用混凝土构件，并集成于结构主体框架之中。

图 1b4
风荷载作用下原始方案的变形模式（无伸臂桁架）
© Arup

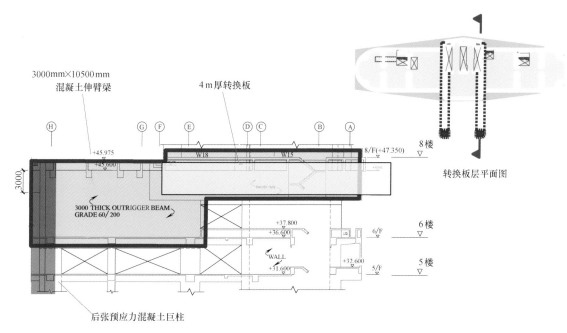

3000mm×10500mm
混凝土伸臂梁

4m厚转换板

转换板层平面图

图 1b5

伸臂梁剖面（左）和伸臂梁在平面图的位置（右上）

© Arup

图 1b6

环带桁架的施工

© Arup

竖向预应力技术

设计中的最后环节是确保结构巨柱和剪力墙在所有荷载组合下始终保持受压状态。在风荷载作用下，建筑物竖向构件内会产生拉力，可能导致构件产生裂缝和过度拉长。在关键竖向构件中引入预应力筋（图 1b7）可降低拉应力。这样建筑物具有更大的刚度，且减小在风荷载作用下的变形。

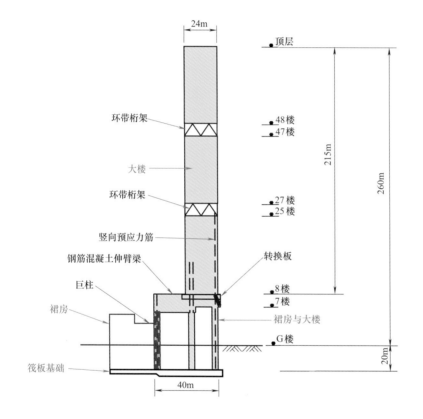

图 1b7

名铸最终结构体系，包括巨柱、伸臂、环带桁架和竖向预应力筋

© Arup

图 1b8

在墙体顶部凹槽处（左）和转换板下表面（右）施加后张预应力

© Arup

名铸作为奥雅纳在香港第二个采用竖向预应力技术的项目，对行业发展产生重要的影响。工程中的常见做法是在梁或楼板中施加水平预应力，以便在不增加构件高度的前提下增大其跨度，但竖向预应力的应用在工程中相对少见。

名铸的成功很大程度上得益于发展商和项目团队的精诚合作，以适应楼层平面和外立面的重大设计变更：例如，伸臂梁占据了裙房的两个楼层，而环带桁架则创造了非常突出的建筑特色。所幸的是，钢筋混凝土所需要的预制加工时间比钢结构短得多，因此可以在不拖延整体施工进度的前提下进行许多设计变更。

虽然名铸（Masterpiece）因其展示的艺术品而得名，但该美誉同样适用于其巧妙的工程设计，使名铸在林立的高楼中脱颖而出，成为真正的"名筑"。

地下室施工

为了将结构建造在基岩上，名铸的施工需要开挖和支护一个20m深的地下室。这个地下室由地下连续墙、支撑和加劲钢管支护桩组成。塔楼坐落在一块3m厚的钢筋混凝土筏板上，而裙房则是由一块1.5m厚的钢筋混凝土筏板和小直径灌注抗拔桩支承。地下二层与相邻地铁隧道的连接通道则位于排桩的间隔中。

图 1b9

地下室施工：地下连续墙（左）和加劲钢管支护桩（右）

© Arup

第 2 章
建设助力

外形复杂或位于软土地基上的高层建筑很可能因施工安全和建造成本等因素而搁浅。精心的工程设计可以有效控制这些风险。

计算机建模可以更好地预测几何形状，简化预制构件的制造和安装。工程师还可以预测建筑物在施工过程中的性能，并告知承建商哪些工序可以灵活安排，哪些环节存在限制因素。计算机还可以模拟某些结构件所发挥的平衡作用，以便在设计中考虑其长期性能。

无论地质条件有多恶劣，高层建筑都必须有良好的基础。这往往使看不见的基础工程跟高耸巍峨的塔楼一样令人赞叹。现场试验与测试以及查验施工质量的严格制度，能够提升解决基础问题的信心和效率，在复杂的地质条件下这些措施尤为重要。

奥雅纳与承建商和供应商密切合作，提出一体化的解决方案，使基础、幕墙和结构等相关复杂问题得以迎刃而解。在本章所述的几个项目中，工程师发挥了主导作用，减少方案的不确定性，从而提高项目的经济性和施工安全性。这些案例为业界提供了可资借鉴的经验。

中央电视台总部大楼全貌
© Zhou Ruogu Architecture Photography

中央电视台总部大楼

业主：	中国中央电视台
建筑设计：	大都会建筑事务所
建筑联合设计：	华东建筑设计研究总院
奥雅纳提供的主要服务：	结构、岩土、安保、消防和机电工程设计
竣工年份：	2012 年
高度：	234m
楼层数：	54 层
总建筑面积：	473000m^2
建筑用途：	办公楼
总承建商：	中国建筑集团有限公司
供稿人：	Chas Pope

中央电视台（CCTV）总部大楼坐落于北京，是世界上造型最为独特的建筑之一。大楼总高 234m，集国家广播电视节目拍摄、制作和行政管理等功能于一体。大楼由 4 部分组成，包括 2 栋倾斜且结构高度不同的塔楼，1 栋 10 层的裙房和 1 段高约 9～13 层的高位悬挑结构，这 4 部分首尾相连形成了一个封闭的空间环形结构。底部裙房和顶部悬挑结构的平面形状均为"L"形，且它们的折角指向相反的方向（图 2a1）。

对于奥雅纳来说，除了需要考虑一般高层建筑都有的结构稳健性、高地震作用和风荷载方面的设计问题，还要解决央视大楼造型的独特性带来的特殊应力集中和位移计算问题。而更为根本的问题，是如何在可接受的施工成本范围内保证结构的安全。

连续筒体结构

对于中央电视台总部大楼的设计，奥雅纳采用了周边连续筒体的结构形式，即由钢柱或型钢混凝土柱、斜撑和梁在建筑外围形成网状筒体。设计团队认为钢支撑筒体结构具有多条传力路径，应该根据其应力分布特点优化结构布置形式。在高应力区，筒体网格布置稠密；在低应力区，筒体网格设置稀疏（图 2a2）。

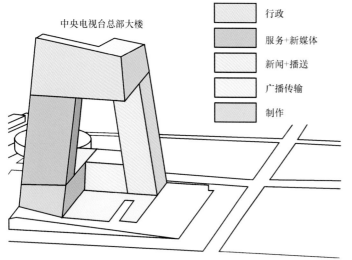

中央电视台总部大楼

	行政
	服务+新媒体
	新闻+播送
	广播传输
	制作

图 2a1

中央电视台总部大楼四部分示意：两栋倾斜塔楼、裙房和悬挑结构，以及各部分不同的使用功能

© Nigel Whale/Arup

图 2a2

中央电视台总部大楼的连续筒体结构，在不同的应力分布区布置稠密和稀疏的支撑

© OMA

施工方案对设计的影响

中央电视台总部大楼的施工方案和施工顺序均会影响结构的恒荷载分布，同时也会影响结构的临时应力（施工期间）和永久应力（完工后）。因此，奥雅纳从一开始就不得不考虑多种可能的施工方案及其对结构设计的影响并为此编写了一份特殊的文件，称为特殊技术说明（PTS），以便向其他各方传达影响最终设计的各种假定。

例如，专业设计人员和施工方需要关注在施工过程中产生的显著应力和位移，特别是在悬挑结构合拢前、合拢时以及合拢后。这些细节将会影响构件的制造和施工。

预起拱抵消预测位移

中央电视台总部大楼的施工顺序大致如下：首先施工两栋塔楼的主体钢结构至顶层；裙房也同时进行施工；当塔楼施工至最终高度时，在每个塔楼顶部开始悬臂构件的逐段拼装（类似于斜拉桥主梁的悬臂拼装施工）以形成悬挑结构（图 2a3）。

通过结构分析，奥雅纳预测在两侧悬臂合拢时，悬挑结构在自重荷载作用下的竖向位移将达到 300mm。为了抵消这种位移，特殊技术说明指出，施工单位应该设置预起拱来保证施工完成后建筑的几何外形与设计一致。最后通过逐层施加少量的预起拱来实现这一目标，且累积预起拱约为 300mm（图 2a4）。实际上，这意味着施工单位需要根据施工顺序计算每个位置所需的调整量。对于某些构件，这些调整需要在制造阶段完成。

图 2a3

通过从两侧塔楼顶部逐段吊装悬臂构件的方法施工悬挑结构

图(a)～(c)© Frank P Palmer
图(d)© Arup

(a)

(b)

(c)

(d)

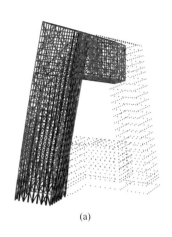
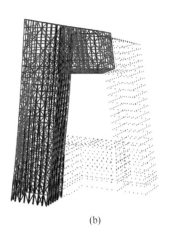
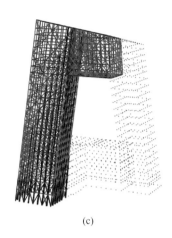

(a)   (b)   (c)

图 2a4

施工期间结构预起拱的原理

(a) 计算塔楼在自重作用下产生的变形

(b) 在施工期间向上和向后预设变形以抵消这种结构自重变形

(c) 悬挑结构合拢时，建筑在自重作用下无变形偏移

Ⓒ Arup

    随着施工的进行，施工单位必须不断监测结构的变形情况，以核实结构的实际响应是否与施工过程模拟的响应和奥雅纳特殊技术说明中预测的响应一致。存在任何偏差都需要重新分析，并在后续楼层的施工中进行调整。

推迟关键柱的安装

    特殊技术说明还指出了一些其他的关键位置和阶段，在这些关键部位需要通过控制制造或安装过程来调整过大的位移或应力。特别是奥雅纳的计算表明，在施工过程中，距离悬挑结构最近的塔楼内侧角柱的应力水平会非常高。从结构工程的角度来说，这些角柱的主要功能是抵抗水平地震作用和风荷载，而不只是竖向重力荷载。然而，这些角柱所处的位置意味着它们将不可避免地承担悬挑部分的重力荷载。如果在角柱设计时考虑这些竖向荷载将会导致柱截面过大（并且这种设计可能会导致相邻柱所承担的荷载转移至这些角柱的趋势），因此需要寻求其他的解决方案。

    最终通过将钢结构筒体设计成正常荷载条件下无角柱的形式来解决这一问题，因此需要加强相邻的柱和支撑来承担悬挑部分的重力荷载。随后，在结构完成几个月且内力在整个封闭环状结构中稳定后，便可以安全地安装这些角柱，以避免它们成为重力传递体系

的一部分。这种连续筒体结构的精髓在于结构正常使用情况下，很多构件并未被充分利用，而是将它们作为承载力储备来抵抗强震、风暴或其他极端灾害。

根据结构高应力区的分布位置，在关键楼层处采用了 15mm 厚的钢板代替用于常规办公楼的 1mm 厚的普通压型钢板来支撑混凝土楼板。

加载方案分析

奥雅纳考虑了两种加载工况来分析悬臂合拢前后施加不同恒载大小（包括永久结构构件、固定设施和饰面涂装层的自重）对整体结构受力特性的影响。第一种加载工况是悬臂端未合拢前施加更多的额外恒载，这是"上限"分析工况。这种工况会导致施工阶段塔楼的应力水平最高。另一种加载工况是在悬臂端合拢后施加大比例的恒载，这是"下限"分析工况，这种情况会使悬挑结构产生更高的应力（合拢后将作为两栋塔楼的支撑）。

上限和下限分析的结果意味着结构构件是根据最不利荷载工况而设计的，这使得施工方能够根据自己的施工顺序灵活地施加恒荷载，而不局限于奥雅纳规定的施工顺序。事实上，为了使建筑外立面在 2008 年北京奥运会前准备妥当，幕墙安装必须在塔楼合拢前尽早启动，尽管其自重会在塔楼中产生更大的应力。由于幕墙的设计和安装需要适应施工期间结构的预期变形和应力，因此塔楼钢结构设计考虑了悬臂合拢前的额外幕墙荷载。

悬挑结构的合拢

毫无疑问，中央电视台总部大楼建造中最具挑战性的部分是悬挑结构的施工。在每个塔楼的顶部各伸出一段 75m 长的悬臂钢结构，当两个悬臂段合拢连成整体时，高空悬挑总长度达到了 162m。可以想象施工过程中所面临的风险：大风导致悬臂无支撑端的位移；明显温度变化导致钢结构的膨胀和收缩，以及可能在塔楼内产生的高应力。

奥雅纳在特殊技术说明中概述了进行悬臂合拢施工的确切条件，即两个塔楼的温度基本一致，且连接部位两侧的相对位移最小。因此，悬臂的合拢只能在无风的黎明前进行。此外，用于合拢的连接件必须具有瞬间承受较高应力的能力，以便内力迅速传递到两栋塔楼内。特殊技术说明建议安装一系列高强的永久性连接件，这些连接件在安装初期可以允许连接处发生变形，但随后能被快速"锁定"以形成牢固的连接。

奥雅纳还指出，在悬臂合拢的前七天应该监测结构总位移和相对位移（图 2a6）。实际监测结果发现两栋塔楼每天的相对位移达到了 10mm。

在合拢的前一天，施工单位将所有七个连接件提升到位，两栋塔楼悬臂部分之间的偏差仅为 1mm。合拢当天早上，天气条件良好，在短短几分钟内，随着螺栓的轻松拧紧，宣告了悬挑结构合拢成功（图 2a7）。

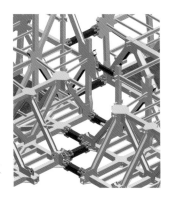

图 2a6

用于悬挑结构合拢的连接件（红色显示）

© 中国建筑

(a)

(b)

图 2a7

悬挑结构合拢日

（a）合拢前的悬臂端；（b）合拢后的悬臂端

© Arup

尽管中央电视台总部大楼的设计和施工十分复杂，但现场并没有出现重大延误，也没有出现任何预料之外的结构变形。

　　通过富有智慧的设计和施工团队紧密合作，使中央电视台总部大楼的反重力建筑形式得以实现。奥雅纳的特殊技术说明在传达设计假定及建设要求等方面起到了关键作用，使得整个项目团队能够清楚地理解建设过程中的一些细微差别。此后，编制特殊技术说明已经成为中国复杂建筑设计的一个常见惯例。

图 2a8
在整个设计过程中考虑结构施工过程的影响确保了中央电视台总部大楼的顺利竣工
© Arup

地标塔 81 全貌

© Oliver Woodruff/Arup

案例 2b
越南胡志明市地标塔 81

业主：	Vingroup 集团
建筑设计：	阿特金斯（香港）
建筑联合设计：	VNCC（越南建设顾问）
奥雅纳提供的主要服务：	结构、岩土和风工程设计及施工图阶段的工作
竣工年份：	2019 年
高度：	461.2m
楼层数：	81 层
总建筑面积：	142000m^2
建筑用途：	住宅（6～45 层）和酒店（46～63 层）
总承建商：	Coteccons
基础总包：	法国地基建筑公司（Bachy Soletanche）越南分公司
项目负责人/供稿人：	何伟明、Kien Hoang、The Truong、Huong Phan

　　西贡河流经胡志明市的黄金地段，两岸高楼林立，形成充满活力的城市景观。而其中最高、最引人注目的非地标塔 81 莫属了。地标塔 81 由多条如"竹捆"的修长柱体组成，象征着当地源远流长的农耕历史，更寓意胡志明市"势如破竹"的快速发展。大厦由顶层的酒店、较低楼层的公寓和五层的商业裙房组成，是这片新型住宅开发区的核心部分。

　　这里原为造船厂，与胡志明市大部分地区一样，地质条件不利于施工。地表 30m 厚的淤泥层几乎不可能用于承载结构，更别说要承载 461m 高的钢筋混凝土摩天大楼了，工程师在进行基础设计时所面临的挑战不言而喻。此外，地标塔 81 还有一个 12m 深的三层地下室。考虑到当地施工单位的经验，最终长达 90m 的大直径钻孔桩或矩形挖孔灌注桩成为最可行的基础方案。

灵活快速

　　极短的施工周期要求基础必须与上部结构设计同步展开，这使设计工作变得更加困难，基础还必须具有一定的灵活性，以应对各种设计变更。奥雅纳的策略是进行宽泛的基础设计，以便根据更详细的信息逐步深化。

　　过往经验为建筑提供了一个保守的竖向荷载基准值，而当地设计规范为该地区提供了典型的风荷载和地震作用取值。设定的假设是，在对结构优化设计之后，竖向荷载取值亦会随之优化。对于风荷载作用工况，风洞试验将提供更准确的风荷载取值，并且期望该取值小于设计规范中建议的风荷载值。

图 2b1

地标塔 81 风洞试验

© Rowan Williams Davies and Irwin Inc.

　　与圆形钻孔桩相比，矩形挖孔桩的承载力更高，并且可以通过改变其尺寸与方向更好地配合各种荷载。因此，矩形挖孔桩的基础方案在前期设计中脱颖而出。在现场勘测和风洞测试还在进行的同时，工程师就提出了初步的基础设计方案，并开始了上部结构的设计。

　　但基础设计还存在一个问题，即是否应该对挖孔桩进行桩侧后压浆，以增加其轴向摩擦力，从而提高桩的承载力。该过程是指在桩身周围高压注入泥浆，增加桩与土壤之间的摩擦力。工程师开展了现场试桩，对后压浆的效率进行评估。此外，为使每根桩发挥出最大承载力，还应按严格的标准来施工。

　　然而，能承担如此庞大的施工量的当地承建商屈指可数，拥有能遵循严格桩基施工规范且经验丰富的工人也寥寥无几。因此，两个具有国际背景的承建商最终入围本项目。这标志着桩基项目必须由当地施工单位来承接的思路发生了变化。

灌浆还是不灌浆？

团队在现场施工了两根截面尺寸为1m×2.8m的试验桩，桩长分别为85m和80m，较短的试验桩采用了桩侧灌浆。

工程师对试验桩进行了加载试验，以验证相应的设计假定，并使用Osterberg荷载箱来施加荷载。结果显示，设计所采用的参数以及桩的轴向变形均在可接受的范围内，且这些桩施工的竖向和施工误差也在可接受的范围内。

两根试验桩的试验结果　　　　　　　表2b1

试验参数	试验桩1(不灌浆)	试验桩2(局部灌浆)
尺寸(mm)	1000×2800	1000×2800
桩底标高(m)	−85.0	−80.0
设计荷载(kN)	31300	35800
最大试验荷载(kN)	78250	89500
O-Cell荷载箱提供荷载(向上和向下)(kN)	31125	44750
O-Cell荷载箱底部位移量(mm)	41.5	17.1
O-Cell荷载箱顶部位移量(mm)	16.3	18.3

表面摩擦力和桩端承载力　　　　　　表2b2

土层	顶部标高(m)	试验桩1		试验桩2(局部灌浆)	
杂填土	−1.7~−3.2				
有机粉质黏土	−28.3~−29.0		50kPa		50kPa
密实砂质黏土	−30.5~−35.5	单位表面摩擦力	140kPa	单位表面摩擦力	200kPa(SG)
黏土砂硬质粉细砂	−63.8~−64.6		140kPa		260kPa(SG)
硬质细中砂	−71.0~−87.5		170kPa		270kPa(SG)
特硬粗砂	−92.0~−96.7		150kPa	桩端承载力	2500kPa
		桩端承载力	4507kPa		

注：试验桩2的桩端承载力并没有充分发挥出来，因为达到足够沉降量前就终止了试验。"SG"代表灌浆部分。

图 2b2

Osterberg 荷载箱安装在挖孔桩的钢筋笼中

© Courtesy of Bachy
Soletanche（2015）

图 2b3

在挖孔桩的施工过程中安装钢筋笼

© Courtesy of Bachy
Soletanche（2015）

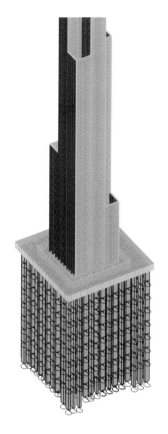

试桩表明，桩的实际承载力要高于保守设计时所预估的承载力，然而这需要高质量地控制桩身灌浆流程来保障。由于每根桩的安装过程需要 2～3 天，因此通过减少桩的数量可以确保项目工期。

模拟与优化

对于这种大规模和复杂性的基础方案，利用计算机对基础进行建模和分析，是理解和改进设计最实用、最有效的手段。在最初的基础方案研究中，考虑了 3～10m 一系列不同地下室（B3）筏板的厚度，采用的挖孔桩尺寸为 1m×2.8m，最小桩间距约为 2m。

然后将最新的上部结构竖向和水平荷载施加到基础数值模型中，继而得到桩中的应力分布。通过不断改变桩的尺寸、方向和位置，进行反复迭代计算，直至筏板厚度及每个桩的承载力都满足设计要求。该过程亦显示了哪些桩需要通过竖井灌浆来增加其承载力。

工程师反复权衡了厚筏板的利弊，才提出了最终方案。采用更厚的筏板可将荷载传递得更远，而另一方面基坑挖掘深度的加深，工期将更长，成本也更高。最后所采用的筏板最薄处 4m，最厚处 8m，这也是越南迄今最厚的桩承台。

当试桩、风洞试验和现场勘察的结果以及实际上部结构荷载（与初步设计相比有所降低）和后压浆工艺与普通桩的施工成本均

图 2b4

计算机模型显示了在塔楼荷载作用下土、筏板和桩的相互作用

© Arup

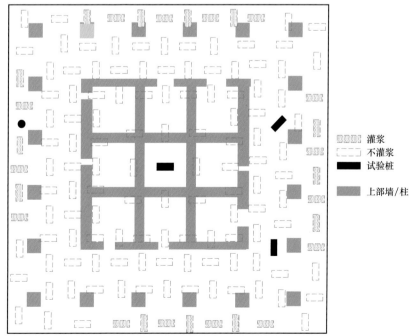

图 2b5

桩基的最终布置形式，通过调整挖孔桩的方向以适应不同位置的特殊荷载需求

© Arup

图例：
灌浆
不灌浆
试验桩
上部墙/柱

已确定后，工程师利用这些数据对桩基进行了优化设计。最终的桩基方案包括 147 个挖孔桩，其中 28 个桩采用后压浆法。桩的截面尺寸分别为 1.2m×2.8m 和 1.0m×2.8m，桩身混凝土等级分别为 C35/40 和 C40/50，桩长 69~74m。

由于上部结构具有较大刚度，且桩的布置形式合理，重力荷载在桩中分布均匀。然而，周边桩的受力特性则主要由地震作用和风荷载引起的拉压效应控制。

设计与施工

挖孔桩的施工从地面上的桩垫开始，其施工方法与地下连续墙常用的方法相同。在部分桩的顶部设计并安装现浇立柱，作为大跨度基坑临时支撑系统的一部分。

采用导管进行注浆。这些管道与桩基的钢筋笼同时安装施工，高压注浆通过这些管道被注入到桩身附近的土壤中。为了保证施工质量，对所有桩都进行了超越当地设计规范要求的监测和试验。

由于充分考虑了本地技能，桩基施工仅历时两个半月。项目的成功归因于其投入原位试验的时间，验证了桩基的解决方案，同时开发了一套严格的安装方法，以确保施工质量。这也证明了糟糕的地质条件并不妨碍高层建筑的建设。

地下室：快速施工

为确保项目工期，地下室同时采用自上而下和自下而上的施工技术。自上而下的施工方式通常更快，因为上部的楼层可以和地下室同时施工，还能尽量减少支撑，但其涉及的施工顺序也更为复杂。自下而上的施工方式在塔楼平面尺寸的范围内则具有更好的适用性，因为塔楼柱具有更高的承载力需求，使得自上而下的施工方式更不可行。

地下室采用 800mm 厚、32m 深的地下连续墙围成内外两个同心圆，形成了"甜甜圈"形状的自上而下的挖掘区，而"甜甜圈"的中心部分（塔楼区域）则进行自下而上的施工。

自上而下的施工顺序包括浇筑底层楼板并预留挖掘口。当开挖到适当位置时，B1 开始现浇地下室的楼板，并再次预留挖掘口，进一步向下开挖，然后采用相同的方法施工 B2 和 B3 地下室。

为减少每次浇筑混凝土的体积，位于塔楼底下 B3 地下室的筏板分两层浇筑，这样可以更好地控制温度并限制裂缝。筏板中还布置了充满冰水的管道，使筏板内的温度维持在可接受的预定范围内。

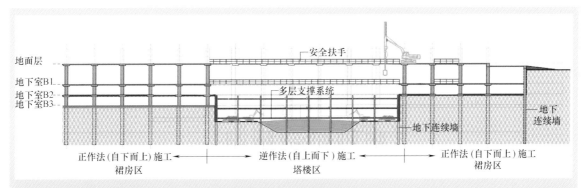

图 2b6

三层地下室采用了最省时的施工方式，尽可能采用自上而下的施工方法

© Arup

图 2b7

现场照片显示中心区域（自下而上/传统施工方法区域）和外围环形平板（自上而下/逆作法施工区域）。该照片还突显场地的空间限制

© Coteccons

重庆来福士全貌

© CY Tang

案例 2c
重庆来福士

业主：	新加坡凯德置地
建筑设计：	摩西·萨夫迪建筑设计事务所、巴马丹拿集团、重庆市设计院
奥雅纳提供的主要服务：	所有设计阶段的岩土工程设计、结构设计、市政工程、消防安全工程以及可持续发展咨询
竣工年份：	2018 年
高度：	塔楼 T1 和 T6：228m
	塔楼 T2、T3S、T4S 和 T5：252m（包括高空连廊）
	塔楼 T3N 和 T4N：355m
楼层数：	地下室 3 层，地上 46～79 层不等
总建筑面积：	$1129423m^2$
建筑用途：	多功能综合体
总承建商：	中国建筑第三工程局有限公司负责 A 标段、中国建筑第八工程局有限公司负责 B 标段
供稿人：	盖学武、林侨兴、王明珉、杨登宝

　　占地面积达 9 万多平方米的重庆来福士项目位于嘉陵江与长江交汇处的朝天门区域。整体地势呈现出南边及中间高，北侧及东西两侧低，原始地貌高差约达 51m。为了在三面临空及岩层倾斜的情况下给八座高达两三百米的超高层结构提供坚实可靠的支撑，奥雅纳岩土工程师提供了全过程的岩土工程设计与咨询服务，确保了各个环节的顺利开展，为项目整体的成功奠定了坚实的基础。

场地稳定性分析

　　重庆来福士项目的地形地貌具有典型的山地城市特色。基坑开挖到底后，中部和南部区域基岩出露，东西两侧则为较厚的第四系覆盖层（填土、粉质黏土、砂卵石土等），基岩面起伏较大。为了确保结构荷载能够传递至牢固稳定的岩土层，并且结构沉降能够满足要求，项目选择了形成于侏罗纪的中风化砂岩、泥岩以及泥质粉砂岩作为基础持力层，并根据基岩面埋深选择采用桩基础或者浅基础。

图 2c1

重庆来福士项目场地位置和周边环境

© Google Earth DigitalGlobe

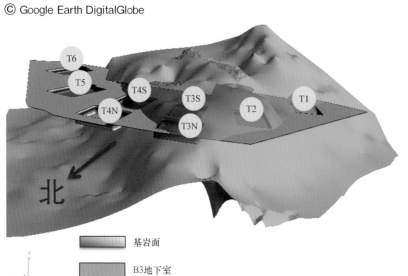

图 2c2

基岩面三维示意图

© Arup

由于项目场地位于重庆复式向斜之解放碑向斜北扬起段东翼，岩层存在北西向的倾斜，倾角在东北侧稍陡，可达 20°～25°，南侧逐渐变缓至 15°～18°，至西南角接近向斜轴部的区域倾角减缓至 10°左右。重庆地区存在典型的砂泥岩互层现象，砂岩与泥岩的交界面以及岩层中的节理裂隙成为潜在滑动面，对重庆来福士项目的地基稳定性存在一定影响。

重庆来福士项目体量大，场地复杂性极其罕见，尤其是包含近水的不同类型的高边坡并存在潜在的软弱滑移面，对建筑场地稳定性的分析和评估显得尤为重要。该项目开展了详细的建设场地地质灾害危险性评估、地震安全性评价和建设场地稳定性评估、场地动力分析验算等工作。

由奥雅纳开展的场地稳定性评估，采用 Oasys Slope 软件，分别对东西两侧典型剖面在静力与地震条件下的边坡稳定性系数进行计算分析。计算分析发现，如果不采用改善场地稳定性的措施，项目建成之后，场地静力与地震工况下的边坡稳定性系数均无法满足规范要求（即小于边坡稳定安全系数），而长江与嘉陵江的水位涨落进一步降低了场地稳定性。因此，该项目需要采取切实有效改进场地稳定性的措施。

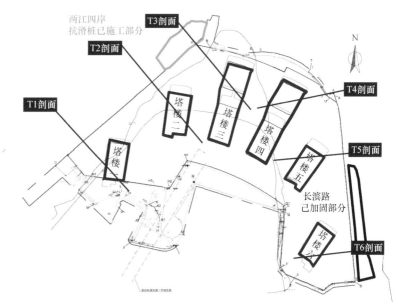

图 2c3

场地稳定性分析的剖面位置示意图

© Arup

此外，采用 PLAXIS 有限元软件对东西两侧边坡在非地震工况和地震工况下的位移进行计算分析亦发现，不采取抗滑措施的情况下，边坡岩土体可能出现较大的位移，对拟建项目、周边道路甚至长江和嘉陵江堤防产生不利影响。

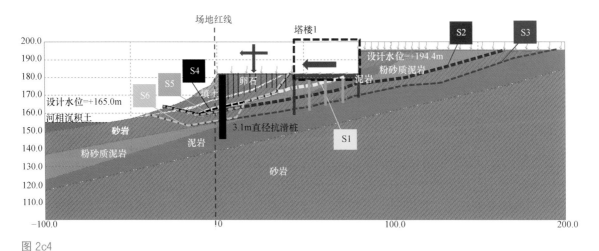

图 2c4

塔楼 1 的场地稳定性分析剖面示意图，S1 至 S6 为潜在滑移面

© Arup

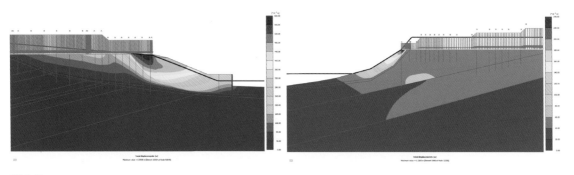

图 2c5

不采取抗滑措施时，东侧（左）和西侧（右）边坡在中震工况下的总位移计算结果

© Arup

重庆来福士骑坐在渝中半岛山脊之上，东西两侧的岩土体失稳滑动方向相反。经过不同的方案比选，采用在临江位置设置大直径抗滑桩阻拦岩土体滑移，并对 B3 层大底板进行加强，以提高拉结能力的方案最终被选用。地下室 B3 至 S1 层（图 2c6）不设结构缝，形成一个巨大的刚性底盘。中南部直接坐落在中风化基岩上，东西侧则通过抗滑桩、基桩把结构大底盘与底部基岩相连，形成一有机整体。通过这些综合处理措施，场地稳定性和岩土体变形情况得到有效改善，为项目本身及周边环境的安全提供了可靠保证。

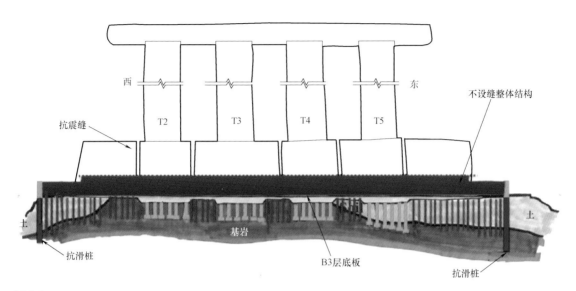

西　　　　　　　　　　　　　　　　　　　　　　　　　　　　　　　　　　東

不设缝整体结构

T2　　　T3　　　T4　　　T5

抗震缝

抗滑桩

土　　　　　　　　　　　　基岩　　　　　　　　　　　　　　　　　　　土

B3层底板

抗滑桩

图 2c6

提高场地稳定性的措施示意

© Arup

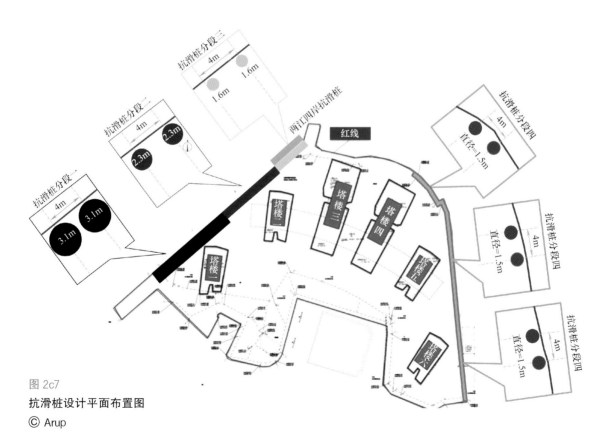

抗滑桩分段三
4m
1.6m　1.6m

抗滑桩分段二
4m
2.3m　2.3m

抗滑桩分段一
4m
3.1m　3.1m

两江四岸抗滑桩

红线

塔楼二

塔楼三

塔楼四

塔楼一

抗滑桩分段四
4m
直径=1.5m

抗滑桩分段四
直径=1.5m　4m

抗滑桩分段四
4m
直径=1.5m

图 2c7

抗滑桩设计平面布置图

© Arup

因文物保护引起的设计变更

2015 年 6 月，在本项目基坑开挖过程中，意外发现了埋藏在地下的宋代古城墙与明代古城墙遗迹。为了保护珍贵的文物，同时推进本项目建设，项目建设方在与当地政府及文物保护部门充分沟通并完成专家评审等行政审批程序之后，最终确定对该项目场地西北

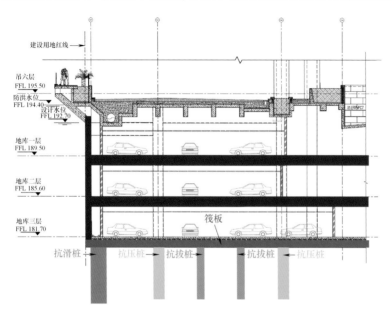

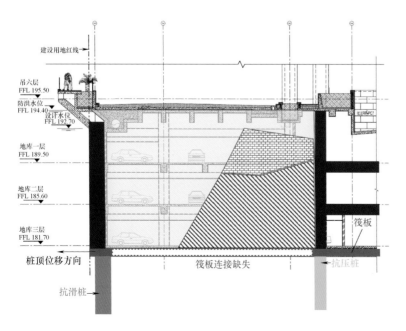

图 2c8

原设计中的结构构件关系
（上）古城墙保护对原设计的
影响（下）
© Arup

侧长约 52m、宽约 23m 范围内的古城墙进行原位保护，设置古城墙展览馆，其余区段的古城墙拆除之后进行异地保护。

　　古城墙原位保护导致原设计方案中用于提高场地稳定性的工程措施无法完全实现，例如抗滑桩上端与筏板的有效连接缺失，其受力方式由简支结构变为悬臂结构，抗滑能力明显降低；大底板在古城墙保护区域被切断，导致无法形成有效拉结作用。为此，奥雅纳对古城墙影响区域的场地稳定性进行补充分析，并调整相关岩土及结构设计方案，以保证拟建建筑物、既有建筑边坡、古城墙遗迹以及相关支挡结构的安全。

图 2c9
古城墙原位保护区域及受影响的抗滑桩范围
© Arup

　　经过稳定性分析和有限元计算，该区域最终将单排抗滑桩改为双排抗滑桩，并采用刚度较大的转换冠梁连接。如此一来，即使大底板被切断，双排抗滑桩与转换梁形成的类似于门式钢架的结构体系也能满足改善场地稳定性的需要。

地基基础设计

　　重庆来福士项目特殊的地理位置和地质演变过程使得岩土层空间分布极为复杂（表 2c1）。各岩土层的厚度也并不均匀，某些区域可能不足 1m 厚，但在另一些区域的厚度达到数十米。

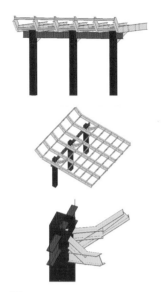

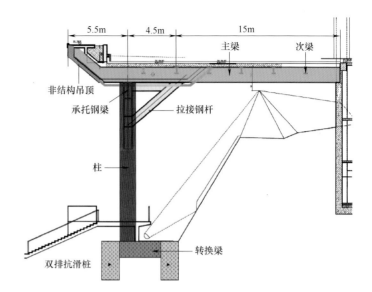

图 2c10

古城墙原位保护区域结构处理措施

© Arup

场地地层分布　　　　表 2c1

地质时代	岩土层名称	岩土层厚度
Q_4^{ml}	新填土	0.5~6.5m
	老填土	0.7~34.5m
Q_4^{al+pl}	粉质黏土	1.1~6.2m
	粉土	2.1~6.4m
Q_4^{al+pl}	含粉质黏土卵石土	0.5~18.5m
	砂卵石	0.4~20.2m
J_{2S}-M_S	泥岩	1.0~30.02m (强风化带：0.4~4.6m)
J_{2S}-S_S	砂岩	0.8~25.6m (强风化带：0.5~5.3m)
J_{2S}-S_m	粉砂质泥岩	1.65~17.3m (强风化带：1.0~2.6m)
J_{2S}-S_t	粉砂岩	0.8~18.95m (强风化带：0.7~6.75m)

为了承托结构大底板，并尽可能减小上部结构的差异沉降，该项目选择中风化泥岩、粉砂质泥岩、粉砂岩、砂岩作为基础持力层。然而，岩层上方的覆盖层厚度差异太大，为了因地制宜采用经济合理的基础形式，提高项目地基基础的经济性，最终采用了包括嵌岩浅基础、筏形基础、旋挖钻孔灌注桩、人工挖孔灌注桩、冲击成孔灌注桩等多种基础类型。该项目共使用了 2670 根钢筋混凝土灌注桩，桩径从 1.0m 至 5.8m 不等，最大桩长约 45m。

由于该项目超高层塔楼的荷载巨大，为了充分发掘岩土层的承载力，使塔楼荷载更为直接有效地传递至桩基持力层，奥雅纳的岩土工程师创新性地采用了椭圆形人工挖孔桩。这种桩型有效提高桩端持力层利用率的同时，优化了荷载传递路径，改善了筏板的应力分布。

位于 350m 超高层塔楼下方的桩身直径达 5.8m（扩大头直径 9.4m）的超大直径人工挖孔桩，创造了房建领域的桩基直径之最。

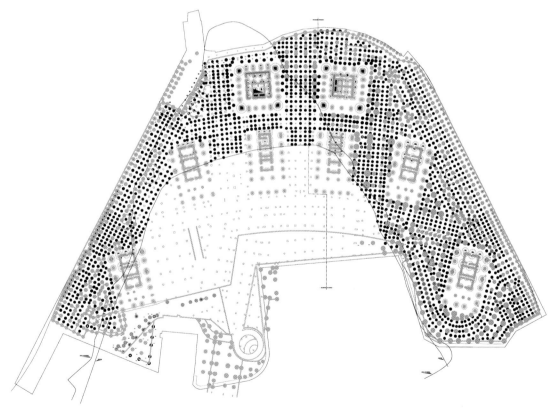

图 2c11

重庆来福士项目桩基布置图

© Arup

图 2c12

重庆来福士项目地基基础施工现场

Ⓒ Arup

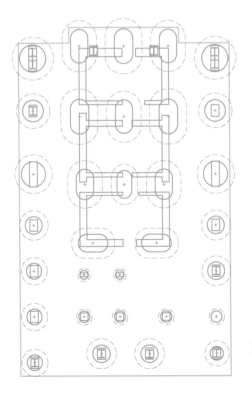

图 2c13

塔楼超大直径椭圆形扩底桩
示意

Ⓒ Arup

扩底边缘

桩身边缘

第 2 章　建设助力

图 2c14

超大直径人工挖孔桩桩孔

© Arup

防汛

由于重庆来福士项目地处嘉陵江与长江交汇处，地下水位受江水涨落影响显著。根据水利部长江水利委员会长江上游水文水资源勘测局于 2012 年 6 月针对重庆来福士项目的水文分析报告，三峡水库投入运行后，朝天门河段属库尾变动回水区。三峡水库调蓄的基本原则是：汛期大流量配坝前的低水位，汛后小流量配坝前的高水位。朝天门在现状条件和三峡水库正常淤积 30 年末设计洪水位见表 2c2。

设计洪水位列表 表 2c2

序号	项　　目		水位,黄海高程(m)
1	三峡现状条件下常年洪水位	$P=50\%$	180.8
		$P=70\%$	178.6
2	三峡现状条件下 50 年一遇洪水位		191.3
3	三峡成库淤积 30 年末 50 年一遇洪水位		193.4
4	三峡现状条件下 100 年一遇洪水位		192.7
5	三峡成库淤积 30 年末 100 年一遇洪水位		194.4

项目抗浮设计水位选取三峡成库淤积 30 年末 100 年一遇洪水位，即 194.4m。地下室平场后大面高程为＋180.65m。对于结构底板来说，在该水位作用下的水头超过 13.75m。为了使该项目的抗浮稳定性和筏板变形满足要求，裙房与纯地下室区域设置了大量

桩径 1m 的抗拔桩，桩端嵌入稳定的中风化岩层中。

　　在重庆来福士项目地基基础施工过程中，也需要考虑长江与嘉陵江防汛的要求。2015 年 5 月，重庆来福士项目桩基础工程正式开工，为确保项目安全度汛，当年留下了长江滨江路与嘉陵江滨江路的路基作为防洪墙使用。为了确保施工机械能够穿越防洪墙，该项目在防洪墙上设置了巨大的防汛门。当洪水来临的时候，防汛门会快速关闭，并用沙袋和钢丝网形成临时的防洪堤。最终，项目在 2017 年汛期到来之前完成了地下室的施工。

　　其后重庆来福士项目的塔楼及空中连廊亦相继在 2018 年完成，为重庆提供了一座朝天扬帆的城中之城。

天津周大福金融中心全貌
© Fu Xing Architectural Photography

案例 2d
天津周大福金融中心

业主：	天津新世界环渤海房地产开发有限公司
建筑设计：	SOM 建筑设计事务所
执行建筑设计：	吕元祥建筑师事务所
当地设计院：	华东建筑设计研究总院
奥雅纳提供的主要服务：	幕墙和建筑维护咨询
竣工年份：	2019 年
高度：	530m
楼层数：	地上 97 层，地下 4 层
总建筑面积：	389980m²
建筑用途：	集商场、办公、酒店式公寓和五星酒店为一体的综合体
总承建商：	中国建筑第八工程局有限公司
项目负责人/供稿人：	李旭年、招颖聪

天津周大福金融中心高 530m，兼具宏伟姿态和流线型外观，成为滨海新区又一标志性建筑。塔楼玻璃幕墙由上万块单元板组成，如闪耀在滨海的"北方之钻"，闪闪发光。

图 2d1
大楼外立面上蜿蜒起伏的凸凹曲线是幕墙设计的大挑战
© Fu Xing Architectural Photography

由于大楼随着高度上升逐渐收窄、楼面形状由方形渐变为圆形，其外立面上蜿蜒起伏的凸凹曲线形成优雅的流线型外观。设计师原来希望通过制作弯曲面板来实现预期的外观轮廓，但中国的幕墙制造商对冷弯幕墙的制作经验不足，担心在如此大规模的工程中采用曲面幕墙会在施工时间、成本和未来维护等方面存在重大风险。于是，平板幕墙成为最实用的选择，但这会引发另一个问题，即如何在不破坏原来建筑设计的基础上实现其曲面轮廓。

宏大项目的复杂性

由于每层楼面形状都不相同，且幕墙面板不能受弯，因此需要以某种特殊的施工方式来安装与楼层等高的幕墙板，使其与上、下层的楼面连接在一起。工程师特制了一种平面幕墙系统，通过复杂方程来定义每个楼面的曲线，并在每个幕墙单元内设计面板倾斜和偏移。

在设计初期，大部分幕墙面板都是不规则的，每个单元有 4 个内边长、4 种角度，因此整幢建筑需要两万多种玻璃板块。面板也

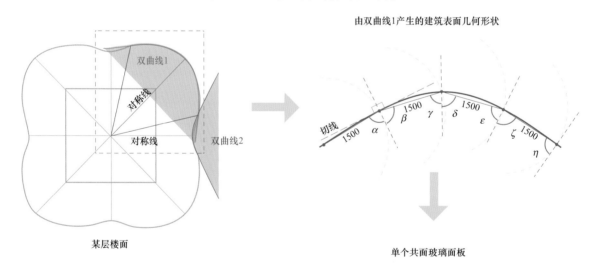

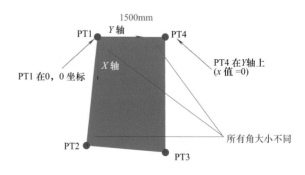

图 2d2

不对称幕墙面板在不同楼层处角度（α，β，γ，δ，ε 等）和边长都不相同，这使初始设计方案中幕墙面板的制造和安装更加复杂

© adapted from RLP/GT

要以不同的角度安装，并在每个单元内倾斜或偏移，以适应建筑的曲线轮廓。由于外立面蜿蜒起伏，幕墙面板的倾斜和偏移程度也因楼层而异。

该建筑成功的关键在于准确地安装这些面板。但是有这么多非标准面板，安装出错的可能性就会大大增加，因为每块面板都要单独设置几何形状，进行初始固定，然后在安装过程中检查和监控。建筑物下部的细微定位偏差也会随着向上施工成倍放大，影响建筑外观的整体呈现。

人们还担心，如果每块面板都以不同的倾斜或偏移量来适应建筑的曲线轮廓，建筑最终的外形可能比建筑师的初衷更随意。

由于面板具有不同折角和边长，制造过程将极其复杂且耗时。幕墙制造商还表示，由于早期在学习过程中会出现一些错误，他们实际需要制造的面板数量要比订单数量多50％。因此，简化面板形状和种类，可以减少制造过程中的出错率，从而减少工程时间和成本。

通过与 Gehry Technologies（GT）的合作，奥雅纳在尽可能秉承原方案的情况下，对如何简化面板的制造与安装展开了优化研究。

简化几何形状

要想优化每个面板的几何形状，项目面临的首要任务是如何利用简化且合理的方式定义建筑物的曲线。奥雅纳团队将最初用于定义建筑外立面曲线的双曲线和椭圆方程合理化，利用固定半径的圆弧来重新定义建筑物曲线。通过与客户和建筑师的紧密合作，我们还尝试最大限度地减少几何形状变化。优化结果表明，与原始几何形状相比，总建筑面积仅增加 $68\mathrm{m}^2$。

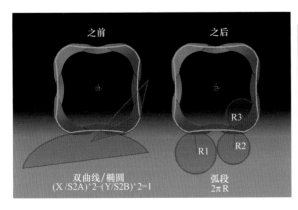

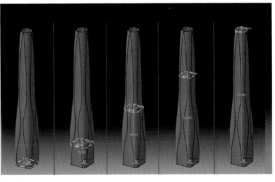

奥雅纳还建议将每层楼面分成四部分，每四分之一的楼板用镜像模式分成两半，进一步减少每层不同面板的数量（图 2d3）。这对加快面板制造和降低复杂性具有重要意义，因为对于每个角度和半径，设备只需要设置一次。如果没有这些措施，就需要更多时间设置数控机床（CNC），制造所有幕墙面板的工期将是优化方案的六倍。

优化面板的倾斜角度和偏移量

　　奥雅纳运用参数化建模，优化每块面板各折角所需的偏移量。分析表明，需要调整的最大间隙可以从 70mm 减小到 62mm，这样所需的不同面板数量可以从 24 个减少到 20 个。此外，奥雅纳工程师对需要调整的面板角度范围也进行了优化，减少了面板之间不同类型的防水接头数量。

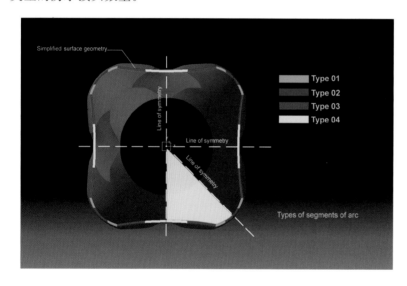

图 2d4

简化后的表面几何形状，图示的对称轴可以减少不同面板种类

© RLP/GT

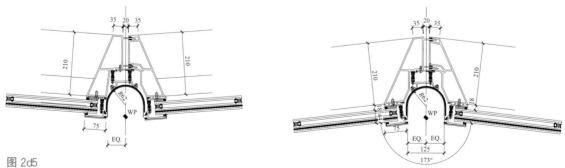

图 2d5

竖直立柱的设计包括一个可变尺寸的扣件，用以适应不同的倾斜或偏移量

© Arup

在竖直立柱上设置特殊扣件，可以协助每块面板适应不同角度以及面板间接缝宽度（±2.5mm）的微小变化（图 2d4）。

实现减少面板数量的目标

通过合理地将面板的几何形状对称化，并将其划分为 1500mm 宽的矩形或等腰梯形，梯形的另一底边略大于或小于 1500mm，这样可以将不规则的中空玻璃种类从两万多种减少到 1308 种。加上总承建商的进一步简化取舍，面板的种类减少到了 1219 种。

除去观景窗和窗间墙附近的面板，其他地方需要设计与楼层等高的幕墙面板，面板的数量从 730 减少到 339。

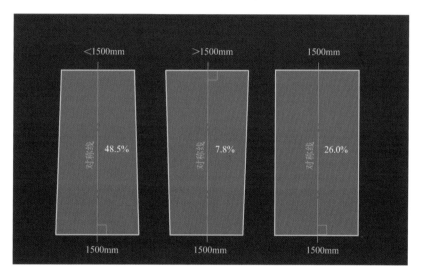

图 2d6
将面板大小优化为矩形或等腰梯形（百分比显示了每类面板所需数量的比例）
© Adapted from RLP/GT

经过四个月的幕墙设计优化后，安装时间显著缩短两到三倍，并大大降低了项目的总体风险。

数据统计表明，87％的建筑外轮廓与初始设计偏差在 20mm 以内，而且优化后的外立面呈现出更加一致的玻璃图案和光影反射，因为按相同半径分组的相邻幕墙面板是相同的。当然，在某些位置，面板不可避免地要从原始的弧线适量偏移，以遵循建筑师预期的建筑曲线，但这些需要偏移的面板分布平均，且也少于最初设想的数目。

第 3 章
垂直整合

　　高层建筑不仅拥有出挑的外在"身高"，还需要有精密布置的机电水暖系统使其运作自如。

　　高层建筑通常采用竖向分区，按固定间距将整个楼层作为设备层，以克服垂直高度的压力损失问题，促进更可靠和有效的服务分配。同时，为了最大化楼层数量和使用面积，工程师还必须仔细考虑服务系统的占用空间。在建筑综合体中，为办公室、卧室或入口大堂选择最合适的通风与空调系统不仅可以为使用者创造最佳环境，还能使建筑更节能、更具可持续性。

　　在分配水电的同时，高层建筑还必须有效地输送人员。电梯设备和技术的进步提升了微型垂直城市的一体化，同时也提供了更好的安全保障和进入不同区域的控制策略。奥雅纳使用专业模拟软件，分析了数以千计的电梯虚拟旅程，然后确定最佳电梯配置，从而缩短电梯通行时间，也为建筑带来经济效益。

长沙国际金融中心全貌

© Arup

　　　　　　　　　　　　　　第 3 章　垂直整合

案例 3a
长沙国际金融中心

业主：	香港九龙仓集团有限公司
建筑方案设计：	王董国际有限公司和贝诺
建筑施工图设计：	王董国际有限公司
奥雅纳提供的主要服务：	全过程机电顾问服务（暖通、消防、给水排水、电气、垂直运输及智能化系统）
竣工年份：	2018 年
高度：	452m（塔楼 T1）和 315m（塔楼 T2）
楼层数：	95 层（塔楼 T1）和 65 层（塔楼 T2）
总建筑面积：	整个项目总建筑面积约 1040000m²，其中裙房及地库约 540000m²，塔楼 T1 约 330000m²，塔楼 T2 约 170000m²
建筑用途：	商场、办公楼、公寓和酒店
总承建商：	中国建筑第二工程局有限公司
项目负责人/供稿人：	傅保华

自 19 世纪中叶以来，高层建筑设计与电梯设计携手并进，共同发展，使建筑师和工程师能够利用更智能和更高效的垂直运输（VT）系统，不断提升建筑高度。VT 系统不仅用于输送人员，还需要解决一体化垂直城市内的运营、维护和安全等问题。

服务垂直社区

长沙国际金融中心（IFS）是 VT 系统在大型商业综合体中发挥重要作用的很好案例。项目集办公、公寓、酒店、商场和娱乐休闲等功能于一体，包括裙房和两栋塔楼，总建筑面积达 100 万 m²，其中 T1 塔楼为省内最高建筑。

裙房由地下五层和地上七层组成，其中地下室还包括两个夹层。两栋塔楼矗立在裙房之上——T1 塔楼共 95 层，T2 塔楼共 65 层。T1 塔楼的大部分楼层为办公区，T2 塔楼的大部分楼层为公寓，而酒店则主要分布在 T1 塔楼和 T2 塔楼的顶部（图 3a1）。该商业综合体的地下室将与地铁站相连。

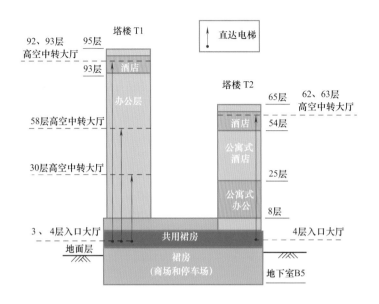

图 3a1

长沙国际金融中心功能分区示意图

© Arup

多功能综合体

IFS 集多种功能于一体，且有多个出入口，游览路线多样。其 VT 系统设计配合各路线的人流量，为游客提供清晰的信息，同时为各方提供安全保障。对于负责设计的奥雅纳来说，此工程包含众多挑战，包括塔楼的高度、使用人数众多以及需要缩短运输和等待时间等。

图 3a2

有多个入口可以从街道进入裙房

© Arup

如果两栋塔楼分别用于办公、公寓或酒店，而不是兼具数种功能，VT 系统的设计策略将更加直接。但是，一栋建筑同时具备数种功能且所占比例均不可忽视时，每栋塔楼都需要独立的电梯系统分别用于办公、公寓和酒店。本文将详细讨论两栋塔楼中较高的 T1 塔楼。

设计策略

与众多高层建筑一样，长沙国际金融中心的解决方案是设置高空中转大厅。高空中转大厅位于建筑内的中间交换层，也是从主入口大厅上升的直达电梯的唯一停靠点。这些高容量、高速度的直达电梯将人们快速地送达指定楼层，然后通过换乘"普通"电梯（服务每个楼层，直至下一个高空中转大厅）到达目标楼层，这样可以减少旅客的总运输时间和停层次数。这种布置使电梯以堆栈的形式分布于不同区域，且允许多台电梯在同一个垂直井道空间内运行。

高空中转大厅必须设置在避难层和机电层上方的楼层，这样才能保证该区域内普通电梯的电梯底坑具有足够的深度，并且确保下方区域的普通电梯有足够空间供缓冲（图 3a3）。然而这一要求限制

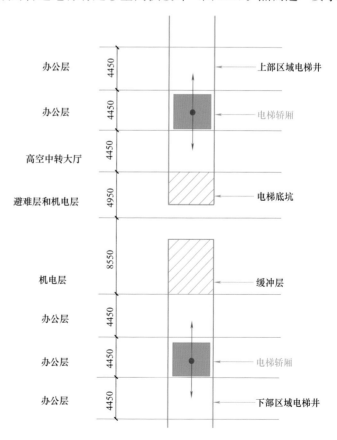

图 3a3
堆栈布置形式中电梯井、高空中转大厅和避难层的位置
© Arup

了高空中转大厅的位置和电梯以堆栈形式布置的灵活性。奥雅纳的分析显示，T1塔楼需要设计两个高空中转大厅为办公区域提供服务。办公区被位于30层和58层的高空中转大厅分为三个部分，这两个高空中转大厅分别位于28-29层和56-57层的避难层/机电设备层的上方。另外T1塔楼还专门为酒店在92层和93层分别设置直达电梯的高空大厅（图3a4）。

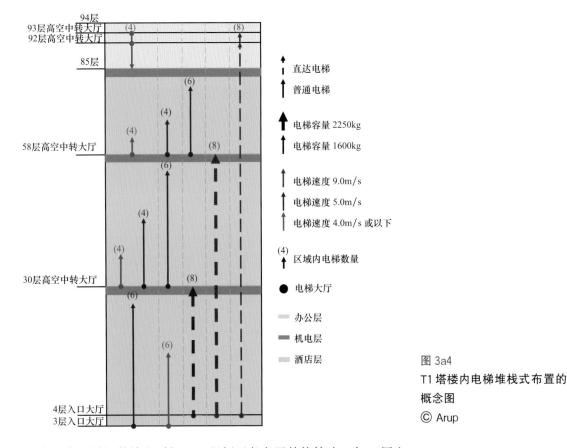

图3a4
T1塔楼内电梯堆栈式布置的概念图
© Arup

为了实现最短的旅程时间，工程师还考虑了其他策略，如双层电梯。双层电梯的概念类似于在电梯轿厢的顶部再增加一个电梯轿厢。但这种双层电梯形式并不适用于本项目，因为这些电梯需要在每个停靠点设置双层的候梯大厅，而且还需要额外的空间来设置在双层大厅之间往返的自动扶梯。单层电梯的每个高空中转大厅只需要占据一层，并能更有效地利用空间，因此单层电梯是该项目的首选方案。

优化旅程

电梯系统是基于需要穿梭于建筑物内的最多人数时段而设计

的，通常假定最多人数出现在早高峰时段（早上 8 点至 9 点）。T1 塔楼为办公楼，根据客户需求，VT 系统必须具备 11% 的早高峰处理能力，即在早高峰最紧急的 5min 内，需要通过电梯运输楼内 11% 的人员，大约为 1419 人。

可视化，可优化

通过电梯流量分析软件，在满足预处理能力（11%）的前提下，工程师对比及分析了不同电梯数量、轿厢尺寸和运行速度等不同电梯配置方案。此外，工程师还对电梯的设置进行了模拟优化，验证电梯是否具备足够的尺寸和速度以满足早高峰人数。在每个电梯的配置方案中，程序自动生成 10 组随机的真实人流情况，以便更深入地检查人流量和电梯使用情况。

本项目的 VT 系统计算采用了 35s 的平均运行间隔（同一组电梯回到主大厅的平均间隔时间）和 80% 电梯载客量。此软件把 1h 按 5min 分成 12 段，以确保所有分区内电梯的最差 5min 表现能满足设计要求。

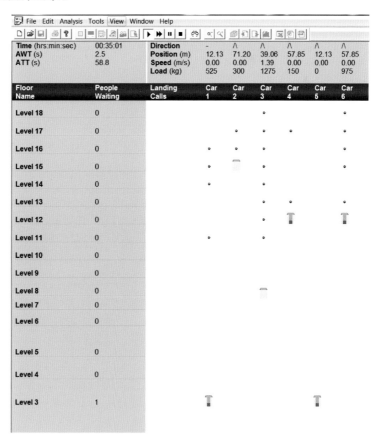

图 3a5

电梯模拟显示了电梯的"移动"（截图）

© Arup

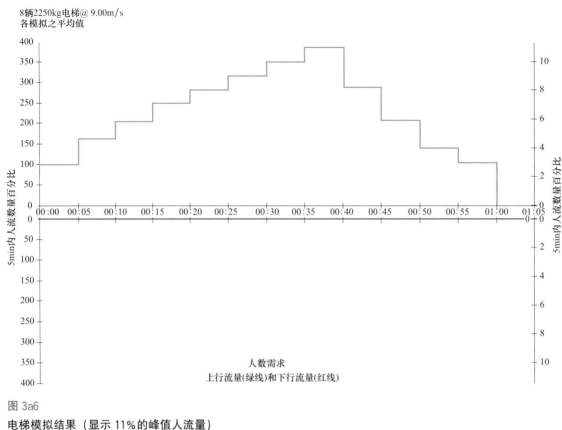

图 3a6

电梯模拟结果（显示 11% 的峰值人流量）

© Arup

  工程师还考查了舒适度等更深层次的指标。他们利用三维电脑模型确保候梯大厅能容纳 70 人等待电梯（由模拟结果确定的最大队列长度），且不会太拥挤（图 3a7）。

  电梯流量分析和模拟软件使分析不同的电梯配置方案变得更加简单，特别是当结构或建筑的设计变更影响到电梯布置时。在设计初期，办公楼层的数量增加了 8 层，工程师对每个区域内的电梯数量和运行速度进行了快速的调整，最终达到在无需增加电梯的情况下吸收这些额外的客运负载。

  T1 塔楼总共需要 64 部客梯，以堆栈的形式竖直分布于不同"区域"，以配合办公室和酒店的布置以及直达电梯和普通电梯的设计要求。除了办公区直达电梯的轿厢容量为 2250kg 外，其他电梯轿厢的容量均为 1600kg。普通电梯的升降速度约为 2.5～5m/s，而直达电梯的升降速度为 5m/s 或 9m/s。为了使电梯系统达到 CIBSE 指南 D 中规定的 5 星服务标准，VT 系统的设计策略是将到达目的

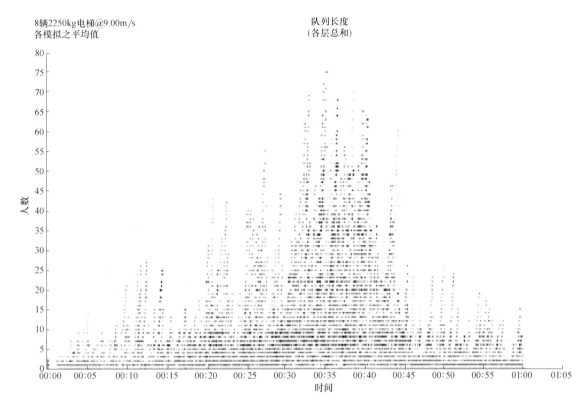

8辆2250kg电梯@9.00m/s
各模拟之平均值

队列长度
（各层总和）

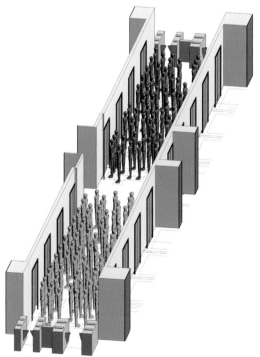

图 3a7

模拟结果显示了排列情况（上图）3D 电脑模型显示了
大厅内的候梯人群（下图）

© Arup

地的平均时间（乘客等待时间和运输时间的总和）限制在 100s 以内。在本设计中，12 组电梯分布于建筑平面的 5 个垂直井道空间，这一电梯布置方案可以减小建筑物核心筒尺寸约 25%，为办公室腾出了更多的可租用面积。

为酒店和办公区域配备两套独立的升降系统有利于运营和维护。例如，在办公区的候梯大厅前增设闸机来增加安全性。酒店部分则可以在电梯大堂设置接待台来增加安全性。两个电梯系统可以分开维护，并在使用率相对较低的时段进行维修，如酒店区的电梯可以在白天进行维修，而办公区的电梯则可以在深夜进行维修。

前往 IFS 的游客可能永远不会像欣赏其高端酒店、商场和办公楼一样欣赏其电梯升降系统。但事实上，在 IFS 中的上下穿梭永远不会感到过度拥挤，也不必花太长的时间等待下一趟电梯，这无疑让该商业综合体充满质感，带来舒适、精致与高效的体验。

广州国际金融中心全貌

© Zhou Ruogu Architecture Photography

案例 3b
广州国际金融中心（广州西塔）

开发商：	广州市城市建设开发集团有限公司（越秀集团）
建筑设计：	威尔金森艾尔 Wilkinson Eyre Architects、华南理工大学建筑设计研究院
奥雅纳提供的主要服务：	机电方案及初步设计、结构方案及初步设计、消防设计、幕墙设计、交通规划和建筑可持续发展咨询工作
竣工年份：	2010 年
高度：	440.75m
楼层数：	103 层
总建筑面积：	250000m^2（仅包含塔楼）
建筑用途：	办公和酒店
总包：	中国建筑集团有限公司、广州市建筑集团有限公司联合体
项目负责人/供稿人：	郑裕龙、张伟光

　　广州国际金融中心（广州 IFC）为珠江新城的地标之一，采用钢管混凝土巨型斜交网外筒和钢筋混凝土核心筒的结构形式，而无需环状桁架、伸臂桁架或巨柱等结构抗侧力构件，结构高度达到了432m。其简洁的结构形式之下暗藏着设计的复杂性，特别是其隐蔽的楼宇设备系统。

　　塔楼顶部 100m 范围是带有天井的豪华酒店，而办公室则分布在塔楼的下部楼层。其楼层平面形状为非常规的三角形，并根据空气动力学的设计原理对其折角和侧边进行了相应的圆滑处理。建筑纵立面呈两头小中间宽，在高度的三分之一处达到最宽。

　　项目伊始，设计目标就定为通过低碳、可持续的机电系统实现高标准的居住舒适度。适应未来需要的灵活性也是设计的重要考虑因素——在气候变化给暖通空调系统带来更大压力的情况下，这一点尤其重要。奥雅纳与建筑师及华南理工大学建筑设计研究院通力合作，在充分考虑建筑空间和机电系统性能的同时，致力实现项目的低碳和可持续建筑设计目标。

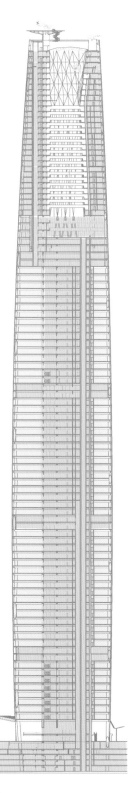

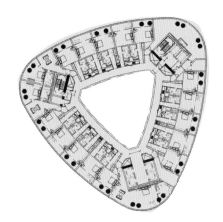

酒店楼层

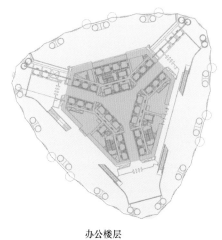

办公楼层

图 3b1
立面图显示了曲线纵向剖面
以及酒店、办公楼层和机电
设备层（左侧）。带有圆角和
圆弧侧边的三角形楼面形状
显示了中央核心区（右下）
和天井（右上）
© Arup

多功能综合体

广州 IFC 的多种建筑用途意味着该建筑不可避免地需要采用不同的暖通空调策略来应对不同的功能需求。如办公室于白天上班时间需要大量的空调,然而对于酒店客房,一般入住时间是从晚上到第二天早上,白天只有很小的空调需求量。

广州 IFC 的机电设备位于沿建筑高度间隔布置的 5 个机电设备层内。为了节省空间,这些机电设备层整合于消防疏散的避难层之内。每个机电设备层为其上下 8 层提供服务。如果将这些设备都布置在首层,会限制寸土寸金的楼面空间使用,因此工程师将设备布置在了不同的楼层。

高层建筑的性质也意味着在机电设施连至末端之前,需要通过长距离且抵抗重力的输送过程。将机电设备分散布置于整栋塔楼之中,可通过转换来缩短输送距离,避免采用高扬程水泵和风扇将设施连至建筑物的最远端。

塔楼内的各业态由特定的机电层和暖通空调系统提供服务,这些设计可简单地划分各业态的机电系统,以满足不同使用者的需求。

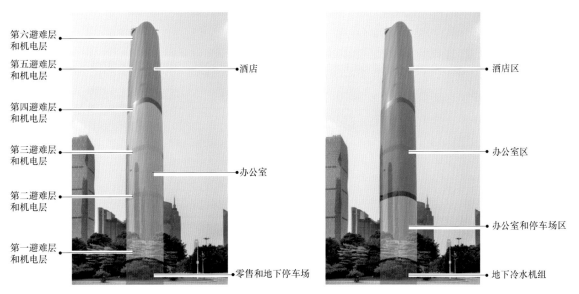

图 3b2

塔楼内各业态、避难层和机电层(左)和机电系统分区策略示意图(右)

© Arup

图 3b3

通过外立面的带状区域，可以很容易地识别出避难层和机电层，尤其是在夜间

© Zhou Ruogu Architecture Photography

核心筒和天花板的难题

与所有高层建筑一样，建筑师和工程师需要将核心筒设计得尽可能紧凑，以便腾出更多楼面使用空间，实现更高的楼面利用率。虽然核心筒的大部分区域被电梯、楼梯和洗手间占用，但是其仍能容纳为大楼提供服务的机电机房和管井。由于广州 IFC 核心筒的平面形状为三角形，这一几何限制条件在无形中增加了将电梯、楼梯、洗手间、机房和管井等全部集成到核心筒内的难度。

机电管线通过吊顶内的机电空间从核心筒连接到每个楼层。但是，工程师必须找到一个平衡点来确定机电管线在核心筒和吊顶内的分配比例。空调系统设备管线尺寸较大，在吊顶内需要很多的空间来布置风管。较高的机电空间将减少该层的净高，这与建筑空间的使用意图相冲突。为平衡这两项高度要求，需要机电工程师和结构工程师进行广泛而详细的协调工作。

制冷与控制

为了最大限度地提高每个办公层的净高，奥雅纳研究了不同的暖通空调方案，其中特别关注了风管和水管的尺寸与效率，比较了风机盘管（FCU）、变风量系统（VAV）和地板送风空调（UFAC）系统的可行性。

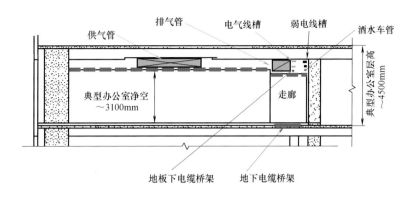

供气管　排气管　电气线槽　弱电线槽　酒水车管

典型办公室净空
~3100mm

走廊

典型办公室层高
~4500mm

地板下电缆桥架　　地下电缆桥架

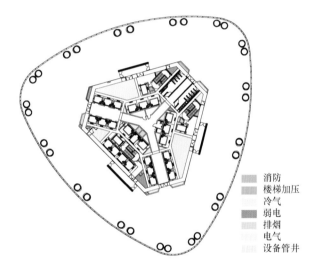

图 3b4

典型楼层内设备在天花板上方空间（顶部）和核心筒（底部）内的分布

© Arup

消防
楼梯加压
冷气
弱电
排烟
电气
设备管井

　　尽管与 VAV 系统相比，FCU 系统可以使吊顶内的空间更小，但 VAV 系统具有更高的制冷能力，而且可以避免在吊顶内布置冷水管道，这意味着 VAV 系统更适合于广州 IFC 的办公楼层。VAV 系统能够以恒定温度供应空气，而且能改变部分负荷条件下空气的供应量。如果恒温器识别到区域内的温度过高，就会给 VAV 系统发出指令，让系统向该区域提供更多的冷风进行降温。同样，如果房间太冷，空调的供应量就会减少。VAV 系统的运行机制具有高度的可控性，在满足房间较高空气品质的同时具有较高的节能性。FCU 系统的另一个缺点是其维护需要访问租户空间，这可能会造成干扰。

　　广州 IFC 采用了分散式暖通空调布置系统，在每个办公楼层配备两个空气处理设备机房，以便根据每个租户的需求，对每个办公楼层局部控制冷却和通风。该系统包括位于机电层的新风机组，向每个办公楼层的两个空调机组提供经过预处理的新鲜空气。从空调箱控制室伸出的通风管穿过顶棚的孔道，将冷气输送入同一楼层的各办公室。新风机组提供热力回收轮，将进入的新鲜空气冷却和除湿后，输送至办公楼层的空调箱内。

新风机组可满足最多50%的免费供冷，从而减少本建筑对人工供冷的依赖，同时减小通风管的尺寸。尽管该系统占用了核心筒内机电室的空间，但为未来的维护和更换提供了灵活和方便。

因为每个楼层拥有两个空调机房，所以每层也相应地有两套VAV系统，每个系统为一半的办公空间提供服务，这样能最大限度地减少通风管运行的压力损失。在两台空调机组的主通风管是相互连接的，这增强了系统的可靠性。如果其中一台空调机组发生故障，另一台仍然可以为租户提供一定比例的空调。

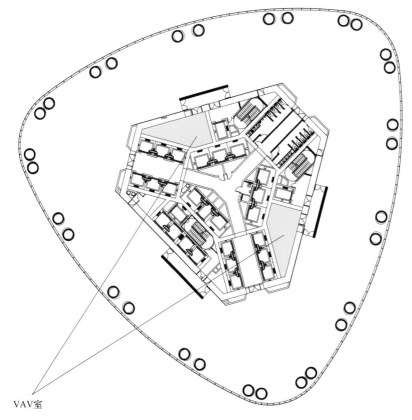

VAV室

图 3b5
广州 IFC 每个办公楼层核心筒内的两个空调机房
© Arup

个性化服务

酒店楼层采用带有新风系统的 FCU 系统。该系统中，PAU 位于机电层的"中心"位置，冷冻水通过管道输送到每间客房。每间客房内的恒温器可调节需要的冷冻水来维持室内所需的温度。

中庭的设计亮点

为了降低能耗和运营成本，酒店大堂和办公楼大厅采用置换通风或分层空调系统。该系统主要服务 2m 高度范围内的空间（仅高于人的身高，即使用区），避免了对整个空间加热或通风时的能量浪费。

为了解中庭内的空气是否会上升（主要是由于顶部获取的太阳热量）并聚集在任何一层阳台的上方，工程师对中庭内的气流进行了详细的分析。分析表明阳台需要额外的新鲜空气将这些暖空气"推"出去。

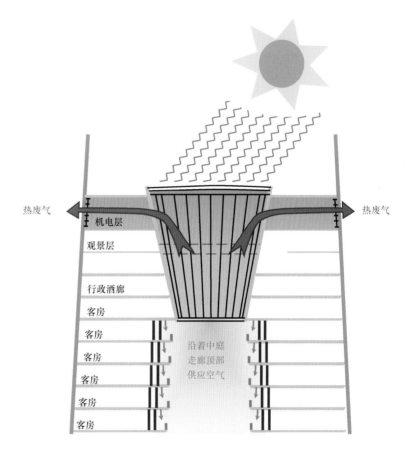

图 3b6
客房走廊内供应的空气推动中庭内的热空气从顶部机电层排出
© Arup

广州 IFC 的建筑设计并没有刻意遵循当地的文化风俗，而是重点关注建筑形式和使用功能，使其成为一栋能经受时间考验的建筑。其楼宇设备的设计也同样如此——超越当前趋势，将设计重点放在效率、可持续性和满足不断变化需求的灵活性上。

第 4 章
安全舒适

2001 年纽约世贸中心的倒塌让高层建筑特有的安全问题引起了人们的关注。为了更好地保护住户，工程师从过去专注于如何让建筑"立而不倒"，转而进一步研究和分析高楼如何以及何时可能倒塌。

奥雅纳处于结构消防工程的最前沿，运用专业的计算软件、历史数据和实际工程理论，分析建筑物在极端情况下的性能，并开展超限设计。

在严谨的理论分析基础上，奥雅纳还致力于提出实际方法，在紧急情况下将大量人员安全疏散至指定区域。通过研究不同方案，并考虑到不同人群的行动能力（如老人、病患等），奥雅纳提出了电梯辅助疏散方案，促进整体疏散的速度和可靠性。

东亚许多地区会经常发生台风和地震，由此引发的高层建筑振动必须得到有效控制，用户才能感到安全舒适，商业活动也才能继续正常开展。使建筑更具韧性可以激发创新，例如奥雅纳在某栋大楼的设计中大胆地将楼板与主框架脱离，以抵消地震引起的振动。

北京中信大厦（中国尊）全貌
© Fu Xing Architectural Photography

案例 4a
北京中信大厦（中国尊）

开发商：	中信和业投资有限公司
建筑概念设计：	TFP Farrells Limited
建筑设计：	Kohn Pedersen Fox Associates
建筑施工图设计：	北京市建筑设计研究院
奥雅纳提供的主要服务：	消防、结构和岩土工程及安防顾问
竣工年份：	2019 年
高度：	大于 500m
楼层数：	108 层
总建筑面积：	437000m^2
建筑用途：	办公楼
总承建商：	中国建筑集团有限公司/中建三局建设工程股份有限公司（联合体）
项目负责人/供稿人：	黄晓阳、余红霞

北京中信大厦（中国尊）位于北京中央商务区的核心地段，是一栋 500 多米高的办公楼，于 2018 年竣工，可容纳 2 万多人。大厦的设计灵感源于中国的传统礼器"尊"，有着纤细的腰身，扩大的杯口和底座，是"礼治"的象征。

对塔楼周边钢框架结构进行设计时，工程师考虑的主要原则之一是保障火灾下人群的安全疏散。北京中信大厦是中国首批使用结构消防工程分析进行主体结构体系设计的高层建筑之一。根据建筑高度和所处场地的需要，该建筑还要进行抗震、抗风和抵抗重力荷载的设计。

9·11 事件后的高层建筑设计

2001 年 9 月 11 日，纽约世界贸易中心第 1、2 和 7 号塔楼倒塌后，火灾等紧急情况下建筑物的响应以及人员疏散方法成为了高层建筑开发商和设计人员更为关注的问题。

9·11 事件后，美国国家标准与技术研究院制定了超出国家规范的高层建筑设计建议。他们强调，不同结构构件之间的相互作用对火灾中的建筑物有利有弊。

因此，必须根据具体情况对北京中信大厦这种"超高层"建筑物及其"巨型"构件和节点在火灾下的响应进行论证，以确保其能为使用者和周围地区提供足够的保护。

现行规范的不足

中信大厦设计时的中国防火规范规定，结构柱的耐火极限不应小于3h。为了达到这种耐火水平，规范建议，对于按标准升温曲线进行耐火试验的主要承重构件，应该采用50mm厚的防火保护涂层。然而，这些建议是有局限性的，因为它认为每个构件都是孤立的，忽略了相邻构件之间或与整个建筑物之间的相互作用。

这种相互作用对建筑物可能是有益的，因为相邻构件可以为火灾破坏构件提供不同的荷载传递路径。但也可能是有害的，因为相邻构件会抑制热膨胀而导致构件过早屈曲。通过有限元研究，可以更深入地了解这种相互作用的确切影响。

奥雅纳认为，对于北京中信大厦，50mm的防火涂层厚度过大，因为一些钢构件内填混凝土增强了其固有的耐火能力。而且，所有构件表面均采用50mm厚的防火涂层会增加建筑物的重量和建造成本。在利用有限元分析结构在火灾中的响应时，考虑了基于真实火灾事件的最可能火灾情景。与规范相比，奥雅纳消防顾问考虑了火灾持续时间更长且涉及多个楼层的火灾场景。

北京中信大厦的结构体系

北京中信大厦地上共108层，并设有7层地下室，其结构体系由钢筋混凝土内筒和钢支撑框架外筒组成。这个钢结构外筒由重力柱（仅承受重力载荷）、腰桁架（将建筑物沿高度方向划分为七个区域，并构成整个抗侧力体系的一部分）、巨型柱（贯穿整个建筑高度）和巨型斜撑组成（图4a1）。

该建筑的平面形状为方形，边长从底部的78m缩小至54m，再次扩大至顶部的69m。该建筑最狭窄的部分距离底部385m。

模拟结构的耐火性能

奥雅纳利用计算机模拟对北京中信大厦的疏散时间进行了估算，预计同时有序地疏散20000名用户需要两个小时。然而，在实际情况中，由于潜在的焦虑、受伤或不良健康状况等因素的影响，许多人需要更长的时间才能疏散至街道。

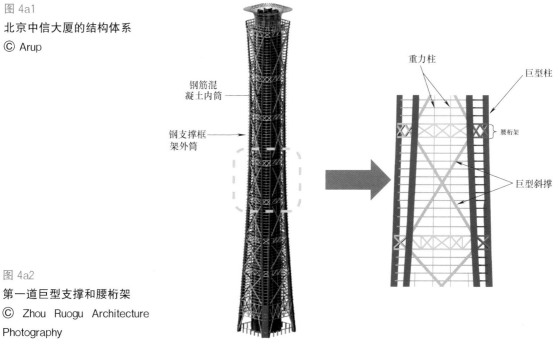

图 4a1

北京中信大厦的结构体系

© Arup

钢筋混凝土内筒

钢支撑框架外筒

重力柱

巨型柱

腰桁架

巨型斜撑

图 4a2

第一道巨型支撑和腰桁架

© Zhou Ruogu Architecture Photography

案例 4a　北京中信大厦（中国尊）

这也表明，结构必须保持足够的完整性，在火灾中抵抗连续倒塌的发生。连续倒塌是指单一结构构件或节点的失效导致建筑的整个部分发生破坏，也就是说无支撑竖向荷载过大后会导致后续破坏，最终导致整个建筑物发生倒塌。

考虑到以上因素，工程师利用有限元模型对北京中信大厦进行了详细的结构火灾分析，确定结构在火灾下的准确响应。

分析表明，即使经过 6h 的燃烧（基于标准升温曲线），具有 6mm 防火涂层的钢筋混凝土巨柱（图 4a4）也不会受到高温的不利影响，因为其大部分核心区混凝土没有受到高温影响。

Fringe Levels

7.105e+02
6.395e+02
5.684e+02
4.974e+02
4.263e+02
3.553e+02
2.842e+02
2.132e+02
1.421e+02
7.108e+01
3.438e-02

图 4a4

钢筋混凝土巨柱（左）受火 6h 后的温度场分布（右），其中巨柱为四分之一模型，且防火涂层厚度为 6mm

Ⓒ Arup

考虑热膨胀效应

随后，奥雅纳研究了火灾对结构关键部位的影响。虽然这超出了中国设计规范的要求，但是考虑到美国国家标准与技术研究院的建议以及中国政府对北京最近建筑火灾的关注，这些研究仍然十分必要。

分析表明，腰桁架在结构中最易受热膨胀的影响，因为其斜腹杆的轴向约束非常强（图 4a5）。在有限元分析中，奥雅纳假定整个腰桁架均受火。评估了不同防火涂层厚度的腰桁架、巨柱、巨型支撑和重力柱的火灾响应。此外，还分析了它们对建筑其他部分的影响。

有限元分析表明，在可能的最不利火灾情况下，腰桁架构件的热膨胀将受到建筑物其余部分的约束，并会导致一些相对不重要的结构构件大范围屈曲，但是关键受力构件能够保持完整的时间比之前假设的更长。

图 4a3

钢结构外筒的有限元模型

Ⓒ Arup

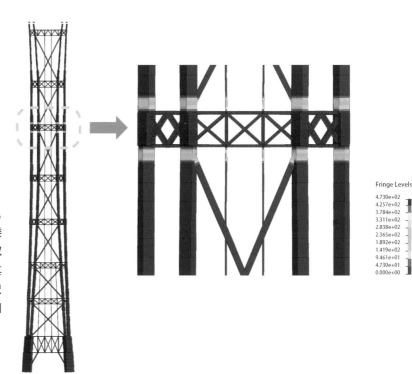

图 4a5

在对腰桁架进行火灾分析时，假定第 5 区正上方的两个楼层发生最严重的火灾。选取该区段是因为与建筑物的其他构件相比，其构件截面尺寸相对较小，对火灾的作用更敏感

© Arup

Fringe Levels

4.730e+02
4.257e+02
3.784e+02
3.311e+02
2.838e+02
2.365e+02
1.892e+02
1.419e+02
9.461e+01
4.730e+01
0.000e+00

这些结果还表明，在标准火灾升温曲线作用下，巨柱表面 6mm 的防火涂层、腰桁架/巨型支撑表面 10mm 的防火涂层和重力柱表面 20mm 的防火涂层均可实现超过 3h 耐火极限的要求（表 4a1）。

防火涂层需要达到 3h 以上的耐火极限   表 4a1

构件	计算防火涂层厚度	防火涂层厚度需求	计算的实际耐火极限	耐火极限需求
巨柱	6mm	50mm	＞4.9h	3.0h
腰桁架/巨型支撑	10mm	50mm	＞6.0h	3.0h
重力柱	20mm	50mm	＞6.0h	3.1h

关键节点的分析

奥雅纳评估了结构所有主要节点，以确定由于火灾而导致结构发生连续倒塌的趋势。巨柱与支撑（或腰桁架）之间为了实现抗震性能，采用了非常巨大的刚性连接。这些连接预期抗火性能会非常好。比较之下，重力柱和腰桁架之间的螺栓连接更容易发生破坏。因此，通过假设该螺栓连接在火灾下发生破坏，对该连接对建筑的抗火性能的影响进行详细研究。分析表明，尽管两个重力柱与腰桁

架之间的连接会断开，并且会因为钢构件的热膨胀发生变形，经过
6h 的标准火灾作用，整个结构仍能保持稳定。

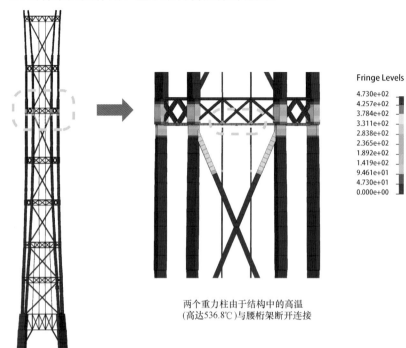

两个重力柱由于结构中的高温
（高达536.8℃）与腰桁架断开连接

图 4a6
火灾作用下节点的有限元分
析表明，重力柱和腰桁架下
弦杆之间的螺栓容易发生破
坏。有限元模型显示了燃烧
6h 后的温度分布，并验证了
建筑物仍然能够保持稳定不
发生倒塌
© Arup

效益

奥雅纳对北京中信大厦的结构火灾分析表明，大厦的防火涂层
厚度可以显著减小，进而显著节省建造成本。

奥雅纳证明了在最不利火灾情况下，整个结构能够保持稳定
6h，并对结构在火灾下的响应有了更深入的理解：尽管部分构件会
失效，但它们的失效并不会导致整个建筑物倒塌，并能为人员疏散
以及消防员安全进入和离开建筑提供足够的时间。

北京中信大厦主体结构 6h 的耐火极限已经远远超过了中国规
范中规定的 3h 耐火极限的要求。

尼古拉斯·海耶克中心全貌

© Daichi Ano

案例 4b
日本东京银座尼古拉斯·海耶克中心（Nicolas G. Hayek Center）

业主：	斯沃琪集团
开发商：	坂茂建筑设计
建筑设计：	坂茂建筑设计
奥雅纳提供的主要服务：	结构设计
竣工年份：	2007 年
高度：	56m
楼层数：	14 层
总建筑面积：	5679m²
建筑用途：	零售与办公
总承建商：	鹿岛建设株式会社、新成建设株式会社
项目负责人/供稿人：	城所竜太

瑞士钟表制造商斯沃琪（Swatch）的日本旗舰店高 14 层，位于东京高端购物区银座，设计如同其展示的钟表，精巧可靠，在机械功能上有三个与众不同之处。

首先，展示电梯可将顾客直接送达七个品牌楼层，让顾客犹如置身流动的展示厅。其次，楼内设有三层或四层高的可伸缩玻璃幕墙，促进新鲜空气流动，并在底层形成一个公共通道。最后，这栋建筑最特别的地方还在于它利用了上部四个楼层的质量，形成天然的调谐质量阻尼器，以抵消建筑物在地震作用下的水平振动。

大厦以斯沃琪集团创始人的名字命名，按照日本最严苛的"特级"抗震设计标准进行设计，能够抵御千年一遇的地震。第 9、10、12 和 13 层的设计是实现这一抗震要求的关键——这些楼层的楼板与主体结构框架脱开，放置在允许其水平移动的支座上，以保护建筑物免受地震损坏。

传统的抗震手段主要包括加强结构或布置阻尼器。奥雅纳经过广泛的抗震分析，研发出这种"自质量阻尼器"，更适用于与其他大楼比邻而建、多中庭的狭长中层建筑之中。

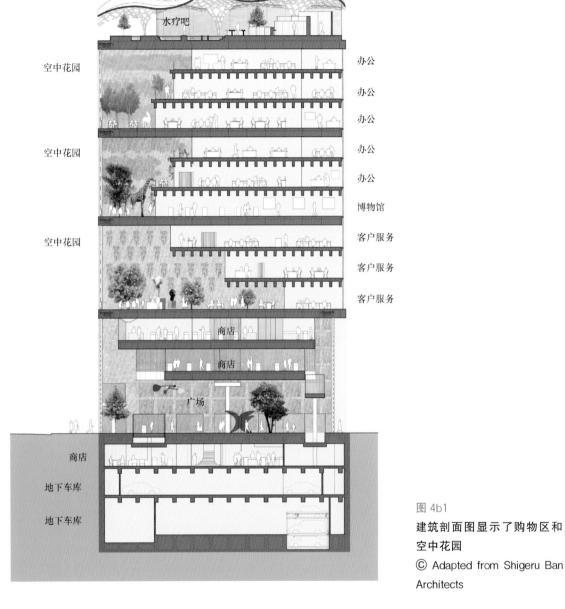

空中花园

办公
办公
办公

空中花园

办公
办公
博物馆

空中花园

客户服务
客户服务

客户服务

商店

商店

广场

商店
地下车库
地下车库

水疗吧

图 4b1

建筑剖面图显示了购物区和空中花园

© Adapted from Shigeru Ban Architects

主体结构

　　大厦的主体结构采用钢框架，结构平面开间 12.6m，进深 31.2m。其刚性钢结构集成于三层高的结构楼层中（在首层为四层高），从建筑立面清晰可见，并沿其深度以 2.4m 的间隔重复。三层高的中庭在首层从前向后延伸，在狭窄的建筑内营造出空间感。电梯展厅在这个空间内上下滑动，当前后玻璃立面打开时，会形成一

图 4b2

一楼大厅显示了展示电梯和悬挂楼板

© Daichi Ano

条新的公共通道。为了弥补主大厅内结构连续性的不足，在楼梯核心筒周围设置了额外的支撑。

三个零售楼层悬挂在第四层的下方，俯瞰大厅；而办公室则位于上面的楼层，每层都有面向街道的三层高空中花园。总共有 10 部电梯，包括一部轿厢电梯和两个楼梯井穿过首层为整体建筑提供服务，这一设计使首层的楼板需要使用 6～12mm 厚的钢板进行显著加强。

第 8、11 和 14 层的三层钢框架增加了建筑的刚度，而中间楼层则是自质量阻尼系统的设置位置。

阻尼机制

抗震设计之初，工程师首先研究了市场上现有阻尼装置的适用性。最常用的解决方案是基础隔震，即将建筑物设置在橡胶支座上，并且允许结构在地震作用下产生 1m 的水平位移。但是这样一个系统会蚕食有价值的零售空间，所以未被采纳。工程师还探索了在三个核心框架中安装金属或黏滞阻尼器的方案，但发现其减震效果并不能满足结构的抗震需求。

质量阻尼装置需要调动一定程度的质量来抵消结构位移——基础隔震使用了整个建筑物的重量——但纯粹为了增加阻尼而增加额外的重量并不可取，因为结构需随之加强，这就破坏了建筑师轻巧灵动的设计意图。

所以，工程师开始研究仅用部分建筑物质量来减震的方法，并一度考虑设置两个像钟摆一样"摆动"的悬挂楼层，但这种方式会对这些楼层的使用功能造成太大的干扰，因此并不可行。

最终的解决方案结合了基础隔震和钟摆的概念，将一些楼板设置在位于牛腿或托架的支座上，而不是将整体结构直接设置在支座上。然后可以调节楼板的质量——让滑动多于摆动——进而不会影响主体结构。为了适应这些滑动位移，每层楼板周围设置适量的间隙，这样对可用零售空间的影响也最小。剩下的任务是找到合适的支座。

支座解决方案

奥雅纳与支座制造商密切合作，改造传统的基础隔震支座来满足大厦的特殊需求。这种支座通常需要抵抗建筑物的自重，因此，支座内设有钢板以防止橡胶阻尼材料被压碎。由于大厦支座承受的竖向载荷只来源于单一楼层，橡胶支座本身设计符合所需的横向阻尼标准即可（图4b4），不必考虑楼板的影响。而重力荷载则通过额外的滑动支座系统来承担。

经过精心配制橡胶材料的配比，使该橡胶支座足够坚硬，能够在千年一遇的地震中提供足够的抗力和阻尼，但同时也能在更极端的地震中保持足够的柔韧性以释放应力。在每个楼层设计了5对阻尼支座和4对低摩擦滑动支座。摩擦滑动支座支承每个楼层的重量并允许其发生横向位移。所有支座的厚度均小于150mm，因此，随着牛腿高度的变化，支座可以适应600mm高的楼面梁（图4b5）。

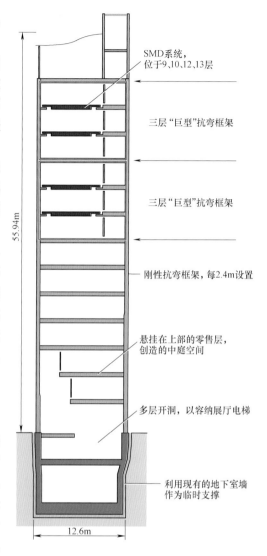

SMD系统，
位于9、10、12、13层

三层"巨型"抗弯框架

三层"巨型"抗弯框架

刚性抗弯框架，每2.4m设置

悬挂在上部的零售层，创造的中庭空间

多层开洞，以容纳展厅电梯

利用现有的地下室墙作为临时支撑

55.94m

12.6m

图4b3

建筑剖面图显示了框架、自质量阻尼器楼板和大厅

© Nigel Whale/Arup

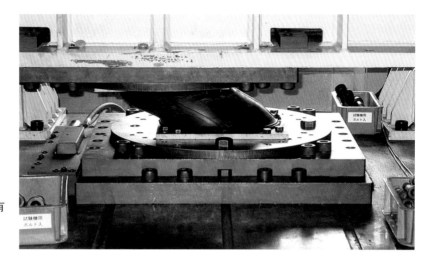

图 4b4

橡胶支座试验（支座内没有钢板）

© Arup

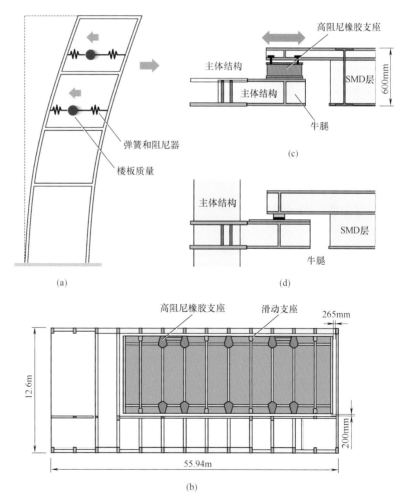

图 4b5

"自重阻尼器"系统

(a) 概念；(b) 平面图；(c) 橡胶支座截面；(d) 滑动支座截面

© Nigel Whale/Arup

案例 4b　日本东京银座尼古拉斯・海耶克中心 **103**

（Nicolas G. Hayek Center）

每个楼层重约 100t，四个楼层共计 400t，约为上部建筑重量的10%，提供了足够阻尼所需的质量。通过调整支座，使其能为整个结构提供最大阻尼，同时将楼板自身在短轴方向和长轴方向的横向位移限制在 200mm 和 265mm 内。跨越这个可变间隙的机械和电气配件，必须小心谨慎地设计，确保其不受楼板位移的影响。计算分析和大比例尺模型试验表明，在强震中，自重阻尼器系统对建筑的减震效果高达 35%。

这种非常规而又简单的控制地震位移的概念确保了建筑物楼面空间的最大化，并营造出通透、开放的内部空间。一道充满生机的"植物墙"覆盖整个墙面，可伸缩的玻璃窗则让新鲜空气得以流通，带给大楼内部柔和清新的感受。大楼的独特设计可谓自然与科技的结合——大厦利用自身结构的强度和灵活性来抵御地震。

上海环球金融中心全貌

© iStock

案例 4c
上海环球金融中心

开发商：	森大厦株式会社
建筑设计：	Kohn Pedersen Fox Associates、森大厦株式会社和入江三宅设计事务所
联合建筑设计：	华东建筑设计研究总院、上海现代建筑设计（集团）有限公司
奥雅纳提供的主要服务：	消防工程
竣工年份：	2008 年
高度：	492m
楼层数：	101 层
总建筑面积：	381600m^2
建筑用途：	酒店、办公、观景台、零售、餐厅和停车场
总包：	中国建筑集团有限公司、上海建工（集团）总公司
项目负责人、供稿人：	罗明纯、黄晓阳、王汉良

随着建筑高度逐渐增加以及使用功能多样化的发展趋势，工程师和建筑师应设计更具有包容性的建筑，以适应不同用户更加广泛的需求。高层建筑包含各种不同使用功能，如私人办公室、公寓、酒店、餐厅、购物中心和休闲设施等。设计师必须根据垂直城市内不同楼层的使用功能和使用人群等，考虑不同使用者的年龄和行动能力水平。

现有的消防设计规范并不能很好地解决超高层综合体带来的独特的具有挑战性的紧急疏散问题，因此自 2001 年纽约世界贸易中心大厦倒塌（9·11 事件）以来，工程师对超高层建筑的紧急疏散问题进行了更详细的研究，以提出更有效的疏散解决方案。

中国现行的消防设计规范要求所有建筑均使用楼梯进行疏散，因为普通的升降电梯并非为应对火灾紧急情况而设计。对于高度超过 250m 的高层建筑，需要召开消防专家会对高层建筑的疏散措施进行专项审查。美国的设计规范要求高度超过 128m 的建筑考虑使用疏散电梯，但美国的规范内容远未考虑到 492m 上海环球金融中心大厦这类超高层建筑的疏散情况。如果仅仅依靠楼梯进行疏散，这座 101 层的超高层建筑需要花费 2h 才能完成疏散，即使这样，由于数千人需要沿着楼梯向下步行数百米，在这个过程中人员可能会因为绊倒和跌倒而受伤，导致疏散时间可能会更长。

消防疏散策略

上海环球金融中心的业主认为全楼两小时的疏散时间太长，便于 2003 年委托奥雅纳制定更快、更安全、更贴心的消防疏散策略来满足租户的需求。

上海环球金融中心包括裙楼购物中心、塔楼办公室和酒店以及位于塔楼顶部的公共观景台（图 4c1）。

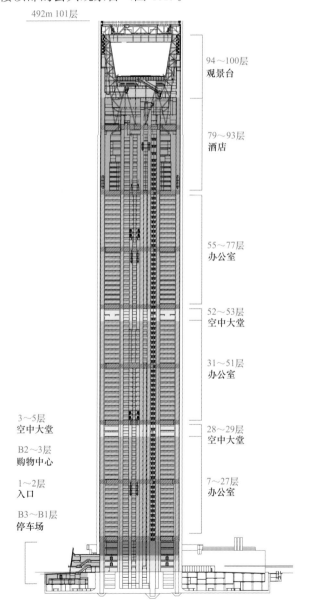

492m 101层

94～100层
观景台

79～93层
酒店

55～77层
办公室

52～53层
空中大堂

31～51层
办公室

3～5层
空中大堂

B2～3层
购物中心

1～2层
入口

B3～B1层
停车场

28～29层
空中大堂

7～27层
办公室

图 4c1

上海环球金融中心：面向公众开放的多功能建筑

© Arup

在本大厦设计之初，根据美国国家标准与技术研究院针对9·11事件的调查建议，并结合计算机疏散模拟技术，奥雅纳为上海环球金融中心制定了一套创新的利用升降电梯辅助疏散的消防安全疏散策略。

电梯辅助疏散

普通升降电梯在每个楼层的电梯门开口会导致火灾和烟雾进入井道，从而可能蔓延至各楼层，即"烟囱效应"，反而构成更大的风险，因此通常不可用于建筑内的人员疏散。同样，由于喷淋系统或者消防栓排出的消防用水，可能引起电梯供电系统故障，导致电梯设备在紧急情况下无电力供应无法使用。此外，电梯候梯厅的容量设计并未考虑疏散时涌入的等待人群，因此有限的电梯厅空间可能会导致更多问题，如增加待疏散人员的焦虑程度等。

但是，如果能解决上述问题，那么相比于楼梯疏散，电梯辅助疏散的优势就会突显出来。这些优势主要体现在更快和更有效地组织疏散，并减少疏散途中人员受伤的情况。

奥雅纳在2003年为上海环球金融中心制定消防疏散策略时，全球只有少数高层建筑采用了电梯辅助疏散，且所有这些建筑均不向公共开放，即无公众人群。由于本建筑内有各种向公众开放的设施，设计必须考虑广泛的人群（婴儿、孕妇、老年人和残疾人）以及他们的行动灵活性。据第二次全国残疾人抽样调查数据推算，中国2010年各类残疾人总数为8000多万人。这数目会因人口老龄化而增长，并且这种趋势很可能会持续下去。考虑到超高层建筑中有多段楼梯，垂直疏散距离长，即使具有普通行动能力的人也可能难以持续平稳地向下安全疏散，导致难以利用楼梯进行疏散的人员百分比更高。

避难层

上海环球金融中心的疏散策略包括启动紧急警报和通信系统，从而提醒住户在火警时尽快撤离大楼。这些人员首先通过楼梯撤离到避难层，然后在避难层可以通过选择使用直达电梯或楼梯继续向下疏散至地面楼层。普通电梯在每层均停靠，不适用于疏散；消防电梯由消防员使用进入指定楼层，因此亦不会作疏散用途。

避难层为空旷的专用消防避难空间，不可用作其他用途，因此为待疏散的人员提供了一个大型的休息或等待救援场所，同时也为选择继续向下疏散的人员提供了不同的疏散方式（图4c2）。身体能力较弱的人可改用电梯进行疏散，而能力较强的人员可以选择楼梯继续向下疏散。

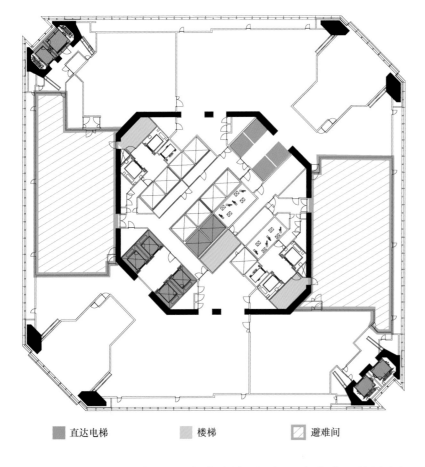

图 4c2

典型避难层平面图

© Arup

■ 直达电梯 ▨ 楼梯 ▨ 避难间

在正常情况下，直达电梯仅在大楼顶层的空中大堂和首层之间行驶。在紧急情况下，被切换到疏散模式，每部直达电梯将会在某个避难层和首层之间运行（图 4c3）。

直达电梯设置在独立的具有防火功效的核心筒竖井内，在一般楼层未设置电梯门开口，因此在一般楼层发生火灾后，可以减少烟气和火灾进入直通电梯井内并在井内传播蔓延的可能性。且着火楼层的自动喷水系统或者消防栓启动后，排出的消防用水不会进入直通电梯井道内，因此直达电梯受水浸影响的概率也会相应降低。

大楼整体疏散

办公室内人员最多的时段为白天，与酒店、商场或其他区域人员最多的时段可能不同，但设计必须考虑整个大楼疏散的最不利情况，即各区域人员最多的情况。在利用计算机进行疏散模拟分析时，保守考虑整栋大楼内有 21000 人，并考虑了行动障碍者的较低行动能力（图 4c4）。

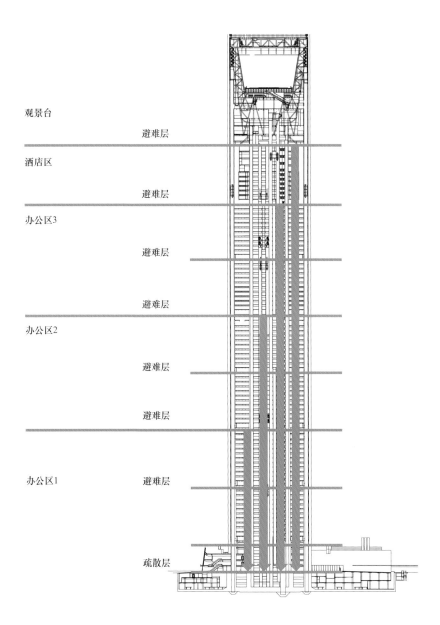

观景台

避难层

酒店区

避难层

办公区3

避难层

避难层

办公区2

避难层

避难层

办公区1

避难层

疏散层

图 4c3

处于疏散模式的直达电梯

© Arup

上海环球金融中心是中国首批使用电梯辅助疏散的公共高层建筑之一。奥雅纳为该建筑制定的疏散方案将 13 部直达电梯和间隔 12 层的避难层有机地结合在一起，将 21000 名人员的疏散时间从 110min 减少到了 70min（图 4c6）。

为确保消防疏散方案能够按设计执行，奥雅纳制定了一份消防安全手册，将在建筑物的全寿命周期内贯彻执行，相关规定如下：

- 定期对大楼管理员进行消防安全培训，进行分阶段及整体疏散的演习

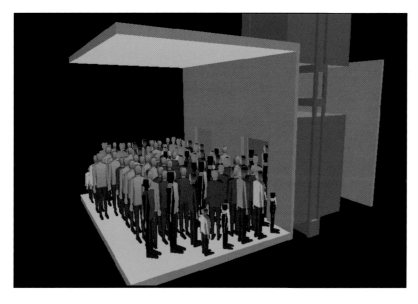

图 4c4

疏散模拟分析场景近视图，显示人员在避难层排队

© Arup

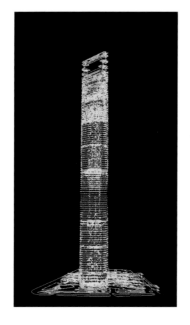

图 4c5

模拟分析预测建筑整体疏散所需的时间

© Arup

- 培训电梯操控员如何处理不同情况的应急方案，包括拥挤人群控制和有效沟通
- 设置足够标志指示和确认撤离人员可使用电梯进行疏散
- 培训楼层消防管理专员，协助人员在电梯疏散楼层进行疏散

我们在上海环球金融中心提出的创新疏散策略得到了当地政府的高度重视，并在未来的高层建筑中使用该疏散策略显示出巨大潜

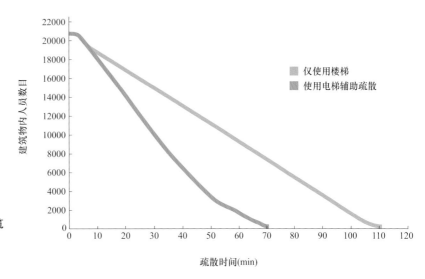

图 4c6

通过电梯辅助疏散减少建筑整体疏散时间

© Arup

力。该策略也同样适用于深层地铁站等地下结构中。这一概念已经在香港地铁的其中一条新线路中得到了应用。该大厦为中国第一座利用"电梯辅助疏散"的大厦，奥雅纳为其量身制定的这一紧急疏散策略，目前已在中国众多超高层中得到应用，且该策略已纳入中国《建筑高度大于 250 米民用建筑防火设计加强性技术要求》的试用版本当中。

华润总部大厦全貌

© Arup

案例 4d
深圳华润总部大厦

开发商：	华润深圳湾发展有限公司
建筑设计：	Kohn Pedersen Fox Associates
建筑施工图设计：	悉地国际
奥雅纳提供的主要服务：	结构工程、风工程、岩土工程、消防工程和幕墙咨询
竣工年份：	2018 年
高度：	392.5m
楼层数：	67 层
总建筑面积：	210000m^2
建筑用途：	办公楼
总承建商：	中国建筑第三工程局有限公司
供稿人：	杜平、林海

华润总部大楼犹如一枚蓄势待发的火箭，在深圳天际线上留下了浓墨重彩的一笔。项目地处深圳湾，每年都会经历台风，这栋地标性办公大楼的高度、形状、塔尖和外形都经过了精细考虑，以改善其在不同风荷载下的性能。此外，我们也非常重视强风作用下大楼用户的舒适度，为此结构工程师和专业风工程师在项目的早期就开始了风工程有关的设计研究工作。

Kohn Pedersen Fox Associates 在最初的方案设计阶段，提出了三种不同的塔楼设计方案，每种方案都有不同的建筑平面形状——圆形、方形或三角形，以及不同的建筑塔冠（图 4d1）。出于美学和工程效益的考虑，圆形方案采用春笋造型及外围整合了结构柱子和幕墙细节的纤细竖线条，成为了最终确定的设计方案。

在方案设计过程中，为了更深入地了解可能的风荷载效应及其对结构的影响，奥雅纳委托 BMT 对这三个方案的 11 个不同高度及外部特征的建筑模型进行了专门的风洞试验。其结果显示了在设计中需要关注和优化的气动特性情况。

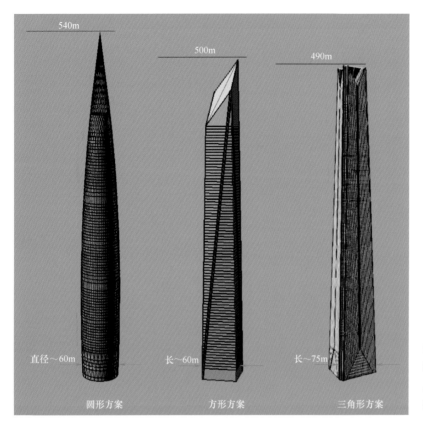

图 4d1

在方案初步设计阶段，华润总部大厦的三个方案

© adapted from KPF

风洞试验优化气动性能

进行风洞试验时，采用 1：500 的比例将周围地形和附近建筑物制作成试验模型。试验首先在风洞测试了一个 550m 高的圆形基准模型，其计算了基于风气候分析获得的 360 度风向范围内各方向风速下的结构实际响应。初步试验结果表明，80 度、90 度、100 度和 110 度方向为结构响应的最不利风向角。因此在后续对其他建筑模型的风洞试验中仅采用这些角度的风场，以提高效率。试验中在每个刚性建筑模型底部布设了传感器以测量模型基底的气动力，然后这些力将被转换为"逐层的力"以便进一步的详细计算，试验对结构横风向和顺风向的响应都进行了详细研究。

风洞试验结果表明，基于本项目的风场情况，与其他建筑模型相比，圆形截面塔楼的静态响应最小，横风向效应也大大降低，而且其横风向和顺风向的基底弯矩也最小（图 4d4）。结果还表明，随着塔楼高度的增加，峰值动态弯矩也会相应增加——大约每 50m 增加 10%。

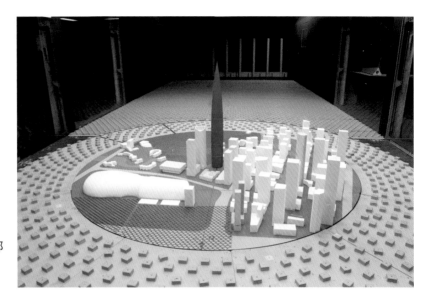

图 4d2

风洞试验中的基准塔楼及邻近的建筑模型

© BMT

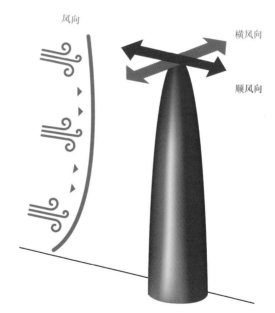

风向

横风向

顺风向

图 4d3

测试风荷载引起的建筑横风向和顺风向的响应

© Arup

　　基于试验结果，工程师从结构效率、成本、安全性和施工便利性等方面对建筑特征进行了更仔细的审查，通过研究每个建筑模型的性能，项目团队选择了封闭的圆形尖顶方案。

　　试验还表明，对于本项目的圆形建筑方案，诸如建筑表面鳍状突起或孔槽等特征对提高抗风性能影响很有限，因此与其相关的建筑选项被从最终方案中排除。这样的发现意味着后续风工程有关的设计可以具备更好的确定性，从而保证设计和项目进度。

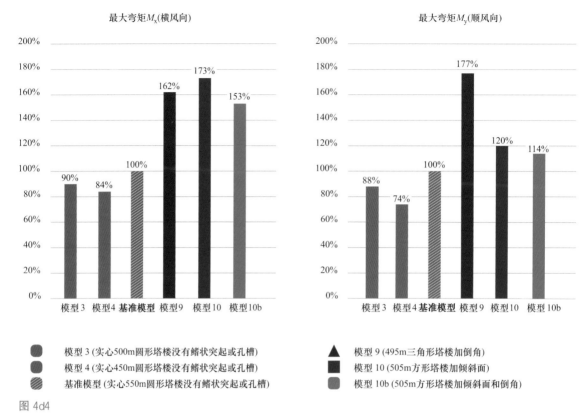

最大弯矩M_x(横风向)　　　　　　　　　　　　最大弯矩M_y(顺风向)

模型 3 (实心500m圆形塔楼没有鳍状突起或孔槽)　　模型 9 (495m三角形塔楼加倒角)
模型 4 (实心450m圆形塔楼没有鳍状突起或孔槽)　　模型 10 (505m方形塔楼加倾斜面)
基准模型 (实心550m圆形塔楼没有鳍状突起或孔槽)　模型 10b (505m方形塔楼加倾斜面和倒角)

图 4d4
六个塔楼方案的顺风向和横风向基底最大弯矩比较
© Arup（adopted from BMT）

　　在设计过程中，随着设计信息逐步明确，受本地区航空高度的限制，塔楼的最终高度被确定为 392.5m，其中包含一个 60 多米高的尖顶。在扩初设计阶段，项目开展了更深入详细的风洞试验，进一步验证了塔楼气动力特性，并结合更新后的结构动力参数，开展了大楼的风致振动研究。

用户舒适性

　　当某种风荷载模式引起建筑物振动时，会在建筑上产生风致加速度响应。虽然这对结构安全造成的风险非常小，但这种运动可能会让居住者或用户感到不安。建筑顶部楼层的峰值加速度是衡量用户舒适度的常用指标。

　　风洞试验研究结果表明，该建筑物的峰值加速度满足 1 年一遇的风荷载下的规范要求（国际标准化组织（ISO）的规定为 $0.01g$），但非常接近 10 年一遇的风荷载的极值（中国规范规定值

为 $0.025 \sim 0.028g$)。为了满足 10 年一遇的风荷载下的振动舒适度需求，一般结构设计可以采用增强结构系统的抗侧刚度或添加减振阻尼系统。

体验就是一切

经过进一步的设计考虑，尽管由风洞试验显示的建筑峰值加速度基本可以满足中国设计规范的要求，但业主仍然觉得需要进行仔细研究，以了解最适合这座大楼及其用户体验的加速度水准。

运动模拟实验室提供了第一手体验建筑加速度的方法。其模拟器包含一台会使测试室的地板和墙壁以特定的设计频率和加速度振动的发动机。这将重现在塔楼顶部使用楼层的风致加速度。包括业主设计管理团队在内的 10 人参与了这项试验体验。

图 4d5
项目团队在运动模拟器中体验了多种振动模式
ⓒ Arup

反馈结果表明，在 $0.025g$ 加速度产生的振动作用下，80% 的测试者会感觉到明显的运动和不舒适。而当加速度减少到 $0.015g$ 时，只有 30% 的人感觉到了不舒适的运动（图 4d6），并且没有人反馈有不安和难以接受的体验。

这些试验结果给设计师和业主带来了信心，根据这栋大楼在当地写字楼市场上的定位，建筑宜按 $0.015g$ 的加速度控制作为振动的标准，以便为未来的使用者提供更高水平的舒适性，即接近于居住类建筑的设计要求。

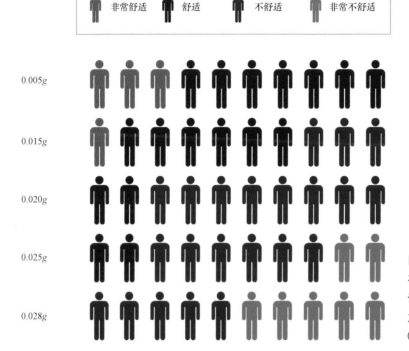

| | 非常舒适 | 舒适 | 不舒适 | 非常不舒适 |

图 4d6

在华润总部大厦的运动模拟试验中，人们如何反馈不同加速度下的风致振动体验

© Arup

阻尼解决方案

当公布运动模拟试验结果时，施工已经开始了，因此难以在不明显影响建筑外形和施工工作的前提下增大柱或墙截面尺寸来提高结构刚度。这使得采用附加阻尼成为减少建筑峰值加速度的备选方案，包括在塔顶寻找合适的空间设置调谐质量阻尼器或在机电层布置黏滞阻尼器。然而，由于调谐质量阻尼器的建造成本太高，以及设置空间的选择会影响项目进度，黏滞阻尼成为了最可行的解决方案。

最终设计团队选用了一个集成的黏滞阻尼系统，包括八个跨越47～49 层的机电层和避难层的伸臂阻尼器。这些量身定制的阻尼器一端固定在从钢筋混凝土核心筒伸出来的刚性伸臂上，另一端固定在外围柱上。为了使阻尼效果最大化，结构工程师优化了阻尼系统的布置、刚度匹配和阻尼器的设计参数，以控制 360 度风荷载下的振动响应。

在设计这个阻尼系统时，还需特别考虑塔楼外围细长的柱子是否能够承受不同回归期风荷载作用下由阻尼器传递出来的轴力。因此，柱的承载能力成为阻尼系统设计中的一个需要精心考虑的限制因素。

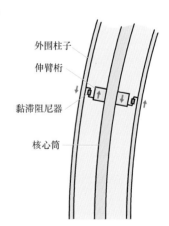

外围柱子

伸臂桁

黏滞阻尼器

核心筒

图 4d7

伸臂桁架阻尼器的概念

© Nigel Whale/Arup

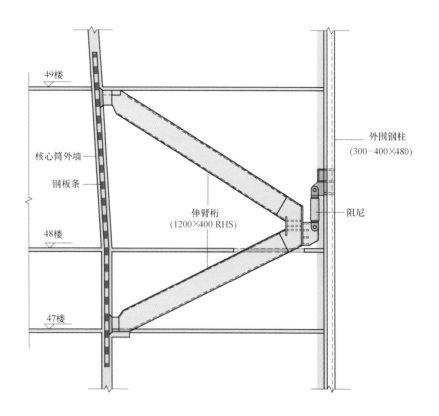

49楼

核心筒外墙

钢板条

外围钢柱
(300 ~ 400×480)

阻尼

伸臂桁
(1200×400 RHS)

48楼

47楼

图 4d8

位于建筑最佳高度位置的伸臂黏滞阻尼器可减少风致振动，为使用者创造更舒适的环境

© Arup for both

图 4d9

华润总部大厦于 2018 年投入使用后，成为了南山后海最高的建筑

© Zhangchao

　　以这种方式设置阻尼器可以明显提高建筑物抵抗风致位移的能力，同时还可以降低水平加速度。这对于结构抗风是有利的，因为建筑实际承受的风荷载将小于原结构设计（不设置阻尼器情况下）承受的风荷载。

　　这是中国大陆首次使用高功率限制出力的黏滞阻尼器来控制风振。

　　华润总部大厦不仅满足规范的基本要求，更满足通过物理测试验证的更适合项目需求的性能目标。该项目的实践强调了高层建筑中抗风设计的重要性，以及在早期设计阶段如何更全面地设计建筑外形，从而使建筑和结构设计更高效。

结构抗侧力体系

建筑的主体结构由 56 根细长的梯形钢截面的密柱和钢筋混凝土核心筒组成。相比于大跨度巨柱布置的高层建筑，该结构体系的建造速度更快，成本效益更高。该结构体系还有利于形成室内无柱的内部建筑空间，同时仍具有抗震设计所需的刚度和承载力。由于钢结构外筒承载的水平荷载比例较低，所以水平荷载大部分由核心筒承担，经过精心的抗震设计和严格的专家评审，这也是中国大陆地区首次将该结构体系应用于这种高度的建筑。

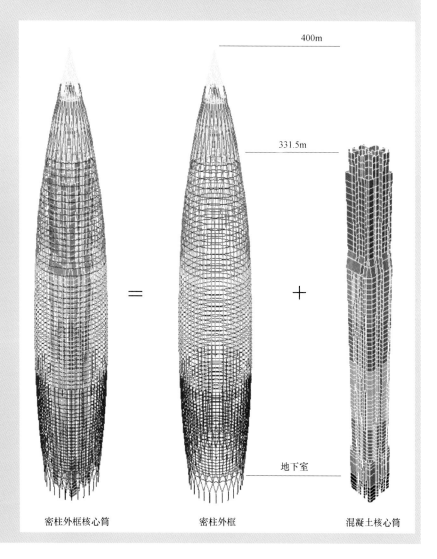

400m

331.5m

地下室

密柱外框核心筒　＝　密柱外框　＋　混凝土核心筒

图 4d10

华润总部大厦的结构体系

© Arup

第 5 章
绿色建筑

高层建筑的供暖、制冷和通风需要大量能源，是城市碳排放的主要来源。高楼还会阻挡阳光，影响空气流通，提高局部温度，对周边环境产生不利影响。

要使高层建筑融入城市空间就必须减少其能源消耗，与周围环境和谐相处，并适应气候变化。

主动和被动可持续设计技术的发展使如今的建筑更低碳节能。例如，根据自然光照自动调节室内照明，或者在污染水平和外部温度允许的前提下鼓励自然通风。诸多先进的低碳系统都可用于现有建筑的翻新改建，使其更具成本效益。

新建建筑则采用创新设计的幕墙，巧妙结合主被动策略，减少太阳热辐射——这一高层建筑环保设计的主要挑战。在空气污染严重的高密度城区，工程师也有解决方案：采用植物墙和绿色屋顶来减少辐射热量和污染物的吸收。墙体设有开口，让清风吹过，驱散闷热、污浊的空气。

香港华润大厦全貌

© Marcel Lam Photography

案例 5a
香港华润大厦

业主：	华润物业有限公司
建筑设计：	吕元祥建筑师事务所
奥雅纳提供的主要服务：	可持续建筑设计、LEED 认证和交通咨询
竣工年份：	1983 年（2013 年完成改造）
高度：	178m
楼层数：	50 层
总建筑面积：	99000m²
建筑用途：	办公楼
总承建商：	华营建筑有限公司
项目负责人：	郑世有

2008 年，业主决定翻新已有 25 年楼龄的华润大厦，以提升大厦对租户的吸引力，并提高能源效率、降低运营成本。

业主没有采用拆除和重建的方案，而是选择了更具前瞻性和可持续性的翻新改造，希望通过差异化定位，吸引具有相同环保理念的租户。

更环保的方案

翻新这栋 50 层的办公楼在商业上也意义非凡——重用现有结构、无需迁出租户，无疑节省了成本。此外，还有多种环境优势，因为重用结构避免了建筑拆除、建筑垃圾运输以及利用混凝土和钢材等能源密集型材料进行重建过程中的碳排放。

香港约 25％的甲级写字楼建成于 1990 年以前（图 5a2），这让奥雅纳意识到，可能有更多的建筑需要进行翻新使其更具商业吸引力和可持续性。

在华润大厦翻新项目启动前，奥雅纳制定了"五步策略"，用于评估老旧建筑可持续翻新的潜力。具体步骤包括确定建筑物的基准能耗，然后确定一系列改进措施以实现预期的可持续成果。还要考虑改善现有的管理和维护系统，并预测建筑物对气候变化的适应能力。

图 5a1
华润大厦翻新前
© Arup

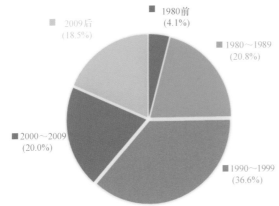

图 5a2
香港甲级写字楼——按年代
分类（来源：香港差饷物业
估价署发布的《香港物业报
告 2020》）
© Arup

　　　　　　　第 5 章　绿色建筑

能耗评估

奥雅纳通过初步的能源消耗和环保绩效评估，明确了华润大厦可以作出改进的地方。根据已发布的制造商数据、仪表读数和水电费账单信息，确立建筑的能耗基线。在此基础上，奥雅纳发现可以显著改善照明、节水和暖通系统的性能，使其符合更高的环境和效率标准。虽然这一过程非常耗时（大约需要一个月的时间才能完成），但收集到的信息对于突显翻修的优势和可行性至关重要。

设定范围与目标

由于建筑限制，必须放弃一些改进方案。例如，由于荷载限制，排除了加建绿色屋顶的可能性；又因为大厦占据了场地的大部分面积，让增加绿化面积的空间受限。因此，这两项可改善建筑物环境资质的措施都无法采用。

由于地下室缺乏存储空间，收集雨水以供再利用也不切实际。而且香港已经使用海水而非饮用水作冲厕用，雨水收集也不会产生显著的环境或资本回报。在洗手间和厨房安装节水装置则是一种更好的投资。

对建筑物的能源和环保性能进行独立评估非常重要，可以让业主向现有和潜在租户推广建筑物的可持续成就。奥雅纳提议业主遵循美国绿色建筑协会提出、国际公认的领先能源与环境设计认证（LEED）框架。

然后，根据华润大厦在 LEED 框架下可能达到的最高标准制定翻修策略。由于受到固有场地条件的约束和可用技术手段的限制，很难实现比"金级"更高的标准。例如，可回收材料或可持续性材料的市场在 2008 年没有像现在这样发达。当时，这些材料需要花费很长时间进口且涉及长距离的运输，因而丧失了材料本来应有的可持续性优势。

减少对租户的干扰

奥雅纳很早就意识到，更换外立面幕墙可以最大限度地发挥高效暖通系统的优势。高性能的幕墙可以加强建筑物的气密性，提供更好的采光表现，同时还能限制热量的传入。但采用传统方式（竹脚手架和网）来安装新的幕墙会遮挡建筑，使租户处于不愉快的阴暗环境中。而且翻修期间还可能会带来非常大的噪声和扬尘。考虑到客户的担忧，即翻修期间影响现有租户的正常办公，必须谨慎地选择加固改造方法。

　　通过与承建商密切合作，奥雅纳提出了提升平台的解决方案。首先将新的外立面固定在建筑物上，然后再移除原有的玻璃。这样可以减少对办公室工作人员的噪声干扰，因为原有的窗户可以作为外部施工的缓冲区。这样也可以保持窗外的视野和自然光照水平。

图 5a3
采用电动提升平台灵活安装外立面
© Copyright 2018 China Resources Property Limited

现有窗口

新窗户固定在
现有的外墙上

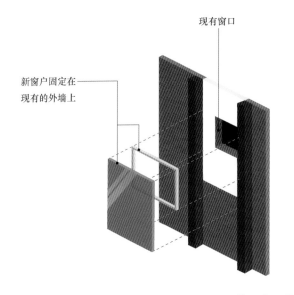

图 5a4
新窗户简单地固定在现有的外墙上，以尽量减少对租户的干扰
© Arup

图 5a5
采用低辐射玻璃面板的高性
能建筑立面可以最大限度地
减少进入内部的紫外线和红
外线,同时允许可见光通过
© Arup

低能耗的照明策略

通过安装日光传感器,在光线明亮的时候可以自动调暗人造光源,节省能源。另外,还安装了感应传感器,确保办公室无人时自动关闭照明灯。

为了凸显华润大厦的地标性,业主热衷于用灯光来照亮外立面。由于这种做法会消耗大量能源(2008 年,LED 照明效率不如现在),奥雅纳设计了创新的 LED 照明策略——只有建筑物的顶部会在夜间被点亮,并通过改变灯光色彩让建筑脱颖而出。

图 5a6
华润大厦的外部照明
© Arup

适应未来

华润大厦于 2012 年获得 LEED 金级（核心与外壳）认证，是香港首个获得这一环保评级的大型翻新项目。可持续翻新措施使大厦减少用水 27%（相当于每年节约 $5650m^3$ 的水资源），减少温室气体排放 8.3%（相当于每年减少 433t 二氧化碳），能源消耗减少 8.3%（$550MW \cdot h$，相当于 1700 支荧光灯管每天 24 小时照明，持续一年）。

奥雅纳还根据全球变暖导致的气温升高评估了建筑性能。其分析显示，尽管由于全球变暖，建筑物需要更多的制冷量才能保持高度的舒适性，但在未来 40 年内，建筑在翻新后消耗的能源仍然少于翻新前。翻新后进行的一项调查显示，与翻新前相比，租户的满意度提升了 25%，这也许是使客户最满意的地方。

其他低能耗和可持续措施：

- 作为节能暖通系统的补充，新型低辐射夹层玻璃幕墙可以在不限制自然光进入建筑物的情况下减少太阳热量（仅传输太阳热量的 5%）。
- 为改善人们在建筑物内的流动性，建议使用更节能的电梯，在首层和二层重新布置候梯大厅，以降低拥堵和等待时间。
- 采用需求控制通风的传感器，检测每个楼层住户排出的二氧化碳量，根据需求自动调节通风量。
- 使用含低挥发性化合物的家具和涂饰剂，以尽量减少释放到空气中的有害化学物质。
- 翻新保留了华润大厦 97% 的现有外轮廓、结构核心、屋顶和楼板。仅拆除了底层的一个基座，可以使建筑物下部获得更好的自然通风。
- 在翻新过程中，有将近 2000t 即 81% 的建筑垃圾被重新利用或回收，并根据实际情况从指定的地方（最远 800km）或从本地采购可回收的新型建筑材料。

平安国际金融中心全貌

© Zhou Ruogu Architecture Photography

案例 5b
深圳平安国际金融中心

业主：	中国平安保险（集团）有限公司
建筑设计：	Kohn Pedersen Fox Associates
奥雅纳提供的主要服务：	可持续建筑设计、LEED 咨询和消防工程设计
竣工年份：	2016 年
高度：	599m
楼层数：	115 层
总建筑面积：	459525m^2
建筑用途：	办公楼
总承建商：	中国建筑一局（集团）有限公司
项目负责人：	郑世有

在深圳福田区的高层建筑群中，平安国际金融中心（平安 IFC）以 599m 的高度鹤立鸡群。办公大楼坐落于 10 层的零售裙房之上，可容纳 15600 多名员工，但大楼底层平面面积仅为 3800m^2。要维持如此大体量"垂直城市"的顺畅运营，并确保人员的舒适性，需要大量能源。鉴于此，业主希望将其设计成世界上最环保的超高层建筑之一，这对工程师提出了严峻的挑战。

超环保的超高层建筑

平安 IFC 在设计中采用了美国绿色建筑委员会（USGBC）的能源与环境设计评估（LEED）框架，实施了一系列卓有成效的节能措施——比起美国采暖、制冷和空调工程师学会发布的《多高层住宅建筑能源标准》（ASHRAE Standard 90.1 2004），大楼可节约 18% 的能源。该建筑还获得了 LEED 金级认证，是全球首批达到金级认证的 500m 以上的超高层建筑之一。

要使平安 IFC 成为名副其实的超环保建筑，工程师必须首先解决两个与超高层建筑相关的基本挑战：高效地将大量人员运送到各楼层以及营造舒适可持续的办公环境。在设计初期，工程师通过选择节能的双层轿厢电梯和为人员创建分区目的地，解决了垂直运输问题。

　　解决人员舒适度这一难题必须从多方面入手。由于大部分楼层
位于深圳天际线之上，因此有较强的太阳辐射得热，制冷和通风的
需求也相应增加。奥雅纳通过指定合适的节能设备，并辅之以被动
设计技术，最终的节能效果与 ASHRAE 基准相比，每年可节约能
源 5670MW·h。减少太阳辐射得热的措施包括：整合了多种被动
式设计的创新幕墙系统以及主动式高效制冷策略等。

节能整合幕墙

平安 IFC 采用低辐射率涂层一体化玻璃，可最大限度透入自然光，同时限制热量传导，减少室内对人工照明的依赖。通过优化幕墙上部分观景窗和窗间墙的面积，自然光可以照射到室内较大的空间。

此外，楼内还安装了可寻址无线控制照明交互系统，允许镇流器和控制器之间的双向无线通信。照明系统可根据室内的自然光水平，自动调节人工照明的亮度。由于传感接收器是整个建筑系统的主要部分，惠及所有租户，无需重新分区和布线，无线控制的好处得以显现。人员传感器则可检测楼层是否被使用，并在办公室闲置时自动关灯。这两项功能都可减少能源消耗。

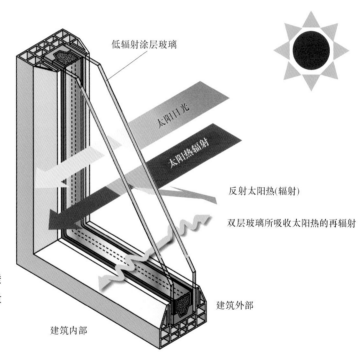

低辐射涂层玻璃

太阳日光

太阳热辐射

反射太阳热(辐射)

双层玻璃所吸收太阳热的再辐射

建筑外部

建筑内部

图 5b2
整合玻璃幕墙可最大限度透入自然光，同时限制热量传导

© iStock/Zern Liew/Arup

外气通风

建筑物越高，其室外气温越低。这种现象在平安 IFC 这类超高层建筑中尤其明显——其地面与建筑顶部的温差接近 3.5℃。奥雅纳进行了一系列流体动力学分析，研究幕墙风压差，有效设计采风，将大楼顶部较凉爽的新鲜空气"吸入"室内，以降低室内温度。这一过程就是"外气通风"。

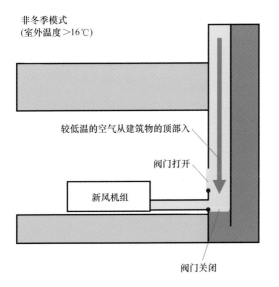

非冬季模式
(室外温度＞16℃)

较低温的空气从建筑物的顶部入

阀门打开

新风机组

阀门关闭

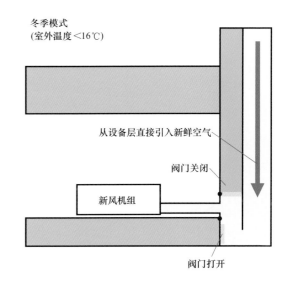

冬季模式
(室外温度＜16℃)

从设备层直接引入新鲜空气

阀门关闭

新风机组

阀门打开

图 5b3
利用建筑较高处较冷的外部空气辅助建筑物的制冷策略
ⓒ Arup

　　外气通风系统从建筑顶部的机电层吸入空气，并输送到建筑的新风机组内（PAU）。较冷的室外空气（冬季数月和一天中的某些时段）通过机械风扇和楼内的垂直管道从 PAU 输送到每个楼层，从而减少了对制冷能耗的依赖。从更高的楼层收集更冷的外部空气延长了外气通风的有效使用时间。为了避免过大的正风压影响百叶窗开关，并阻碍空气进入室内，在外部百叶窗和内部风道进气口之间建立了一个缓冲区。

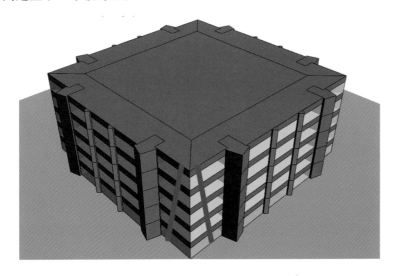

图 5b4
通过计算机模拟研究遮阳板对减少建筑物太阳辐射得热的作用
ⓒ Arup

　　　　　　　第 5 章　绿色建筑

图 5b5
根据热分析和日光跟踪分析，确定建筑物遮阳板的位置、大小和间距
© Zhou Ruogu Architecture Photography

优化热环境

奥雅纳还开展了一项太阳轨迹研究，来追踪建筑物何时何处最易受热量影响。这项研究确定了建筑遮阳板的方向、位置、大小和形状，并决定采用贯穿整个建筑高度的遮阳板设计。工程师根据日光轨迹分析，确定遮阳板的间距，并与建筑师共同确定其整体形式，以呈现建筑师的设计意图。平安 IFC 的幕墙性能比当地设计规范要求的效果要好 20%，能有效降低室内制冷需求，从而减少能源消耗。

为了减少塔楼屋顶部分的吸热，塔楼的屋顶覆盖了热能反射性的材料，而裙房的屋顶则设置了种植区域。

冰蓄冷和需求控制通风

本项目结合了冰蓄冷系统，利用深圳昼夜峰谷差价来节约制冷成本——制冷装置利用晚上的电价低谷制冰蓄冷，白天则在用电高峰并且高电价的时段融冰降温。此外，平安 IFC 还采用需求控制通风设计——通过监测建筑物中的二氧化碳水平（来自租户排出的空气）来控制通风量，以适应使用率，从而减少对空调的依赖。

高效的垂直运输

电梯规划是该建筑早期设计的重要组成部分。为了在不消耗大量能源的前提下提升运载效率，平安 IFC 的垂直运输系统采用了再生能源驱动，可在两种情况下产生电能：轻载荷向上或重载荷向下。

融入周边环境

本项目的可持续策略不仅限于优化能源使用，还将大楼对周边环境的影响降至最低。地面层提供开放空间和退台，强化通风，改善了周边环境。低反射的玻璃材料也减少了眩光对周边的干扰。

平安 IFC 采用一系列尖端技术和策略，减少能源消耗和对周边环境的影响，为摩天大楼的可持续设计树立了可资借鉴的典范。

图 5b6
建筑物的设计尽量减少对周围环境的影响
© Kohn Pedersen Fox
Associates Pc

希慎广场全貌

© Kenny Ip

第 5 章 绿色建筑

案例 5c
香港希慎广场

业主：	希慎兴业有限公司
建筑设计：	Kohn Pedersen Fox Associates、刘荣广伍振民建筑师有限公司
奥雅纳提供的主要服务：	环境和可持续建筑咨询
竣工年份：	2012 年
高度：	204m
楼层数：	36 层
总建筑面积：	66511m²
建筑用途：	办公楼和商场
总承建商：	金门建筑有限公司
项目负责人：	郑世有

希慎广场位于香港热闹繁华的铜锣湾商业区，高楼林立，人群密集。人们在享受生活便利的同时，也深受交通拥堵、空气污染和公共空间匮乏之苦，不利于该地区的长远发展。

希慎广场的业主意识到了这些问题，决定重建位于铜锣湾核心地带的轩尼诗道 500 号时，新建筑应该在一定程度上缓解该地区的环境问题。

新建的希慎广场除了兼具功能性、时尚性和现代感外，业主还希望融入可持续性。这就要求各方通力合作，充分发挥建筑的可持续潜力。

城市绿窗

希慎广场高 36 层，由底部 7 层的商业裙房和上部的办公楼组成。位于塔楼和裙房之间的 9 个楼层设计得非常灵活，可根据市场需求（图 5c1）进行调整，以适应零售或商业用途。

希慎广场最显著的建筑特征是位于较低楼层的三个开口，即"城市绿窗"（图 5c2），可以促进大楼周围的空气流通，改善困扰市区的屏风楼问题。

铜锣湾地区楼宇密集，阻碍空气流通，又是车辆尾气排放的重灾区，污浊的空气久久无法消散，对行人造成不适和健康危害，在风势较弱、天气温暖时情况尤为严重。

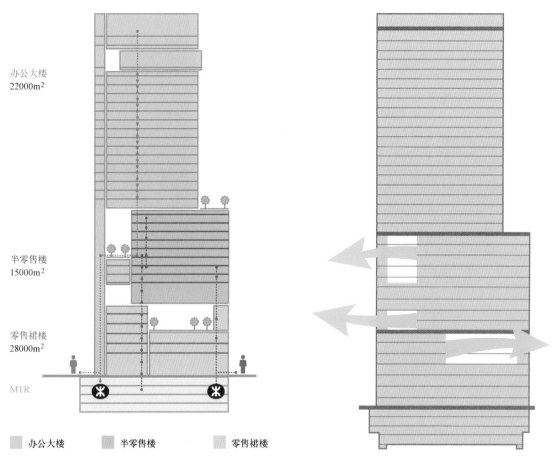

办公大楼
22000m²

半零售楼
15000m²

零售裙楼
28000m²

MTR

| 办公大楼 | 半零售楼 | 零售裙楼 |

图 5c1
希慎广场包括办公大楼、半零售楼和零售裙楼
© Adapted from Kohn Pedersen Fox Associates

图 5c2
城市绿窗促进自然通风，可改善周围地区的微气候
© Adapted from Kohn Pedersen Fox Associates

作为可持续建筑顾问，奥雅纳提出了"城市绿窗"的想法，并与建筑师和业主紧密合作，研究其独特性及设计可行性。奥雅纳还开展空气流通性评估，以了解新建建筑物如何影响周围步行区域的气流。

考虑主导风向、强度和发生概率等气候数据，使用计算流体动力学分析模型（CFD）研究了城市绿窗的最佳位置、数量、角度和大小，并通过进一步的风洞试验论证了这些特征对街道和裙房顶部空气流通的积极作用。

空中花园

铜锣湾地区的"热岛效应"会加剧空气滞留和污染问题。密集的建筑物会吸收和储存太阳热量，再将其释放回环境中，从而使邻近局部区域的环境温度上升。

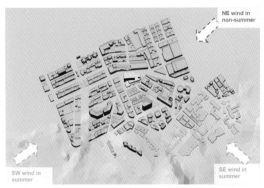

图 5c3
开展空气流通性评估，以证明城市之窗对风速的影响
© Arup

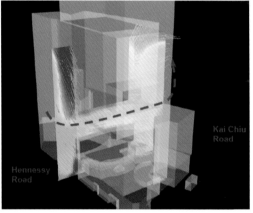

图 5c4
CFD 分析提供了城市绿窗工作原理的可视化证明
© Arup

　　通过"城市绿窗"改善空气流通，可以更有效地分散热量，同时利用屋顶种植区、内部庭院墙以及第 4、7 和 16 层空中花园设计减少太阳热能吸收，从而减轻热岛效应的影响。

　　希慎广场的总种植面积约 $1800m^2$，相当于占地面积的 40%。这些绿化区域也为办公人员和消费者提供了休憩之所。天台还设有都市农圃，主张有机耕种，让都市人享受耕作乐趣；学校可组织学生参观，倡导可持续的生活方式。希慎广场提供了一个分享平台，启发人们更有效地利用自然资源，减少能源消耗，并将这一信息广泛传播。位于 16 楼空中花园的人工"湿地"还可通过生物过滤系统，处理废水。

(a)

(c)

(b)

图 5c5
垂直和水平植被减少了建筑物吸收、储存和释放热量的能力，从而减轻热岛效应
(a) 屋顶花园；(b) 绿色墙壁；(c) 空中花园
(a) & (b) © Arup，(c) Cheung Tsun

　　希慎广场结合了多种可持续设计，使大楼充分利用自然资源，减少能源消耗，更加可持续地运作。

通风策略

　　在可持续建筑顾问、建筑师和机电工程师的紧密合作下，每个楼层的幕墙系统都在靠近地板和天花板处设有可操作的通风口，以实现新鲜空气通风。

　　该系统连接到了当地的气象站，当污染水平足够低时系统会提示员工，安全地进行自然通风。绿灯会提醒工作人员可以打开通风口，让新鲜空气进入办公室，减少对空调系统的依赖，从而降低能耗。

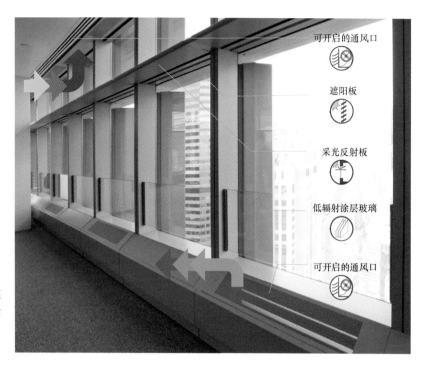

可开启的通风口

遮阳板

采光反射板

低辐射涂层玻璃

可开启的通风口

图 5c6
希慎广场的高性能幕墙系统
营造出舒适、低能耗的工作
环境
© Arup

奥雅纳研究了铜锣湾地区的年度天气数据及其对户外空气质量、污染和湿度的影响，以确定可以利用自然通风的时间。这确定了该功能是否具有成本效益，以及会否产生期望的环境回报。根据这些数据和 CFD 气流分析结果，设计了通风百叶窗的位置和大小。

节能幕墙

幕墙系统结合了多种节能设计，如限制热能渗透并充分引入自然光的低辐射双层玻璃窗。在建筑北立面，内部的"采光反射板"可以将光线反射到办公室更深处，减少对人工照明的依赖。建筑西立面上设有水平和竖直倾斜布置的遮阳板，可以在太阳辐射最强烈的地方提供遮阳效果。

核心筒的重新布局

为了提升环保效益，希慎广场的内部结构也作了调整，其中最主要的变化之一是将楼梯和电梯井等设置于建筑的南向外围。由于建筑南立面遭受最强烈的日光辐射，在此处设置高度绝缘的核心筒有助于阻止热量传导到建筑物内，减少办公室的制冷负荷，达到减少空调使用的效果。日光模拟结果显示，尽管南部的光线会被核心筒墙体部分遮挡，但内部整体光线的变化不大。这也符合业主对开阔楼面空间的要求，让租户可以充分欣赏北部的维港美景。

绿色建筑认证

希慎广场采用高效的节水装置，并尽可能使用再生材料和低挥
发性化合物，加强建筑物的可持续性。大楼直通地铁站，减少自驾
出行，从而缓解该地区的交通拥堵和污染。

希慎广场沿街道缩进的设计扩宽了与邻近建筑物之间的距离，
也为行人提供了更多空间，这在铜锣湾颇为罕见。当地的规划条例
还鼓励建造更高、更纤细的裙房来换取更多地面空间。

该建筑在国际公认的美国绿色建筑委员会能源与环境设计认证
（LEED-CS）2.0 版计划和香港绿色建筑委员会的 BEAM Plus 1.1
版计划中都获得了最高的白金级认证。这在香港商业高层建筑中尚
属首次。

希慎广场是一座可持续发展的建筑，超越其自身的建筑界限，
对周边环境产生积极影响，同时助力该地区的商业发展。大楼解决
了许多与高密度、高层建筑发展相关的环境挑战，成为高密度环境
下新建建筑的典范。

希慎广场通过建立都市农圃和空中花园等绿色空间，营造出完
全不同的建筑风格，也促进了社会凝聚力。这些功能与"城市绿
窗"一起，创造出更健康、更愉悦的环境。业主希望，这样的环境
可以感染所有来这里工作、生活和休闲的人们。

第 6 章
数字工具

从执行大量复杂的计算到创建图纸和可视化模型，多年来，计算机一直影响着建筑的设计方式。利用计算机技术辅助设计，不但节省时间，还能准确存储大量信息，使建筑师和工程师有信心探索更多建筑形式的可能性，从规整、传统转向更具雕塑感和令人眼花缭乱的建筑形式。

其中最令人振奋的莫过于"参数化建模"了，即在设计中保持某些参数不变，而不断改变其他参数。这样得到的最终方案不但坚持了建筑师的设计意图，而且可实现最高的结构效率和安全性，并增加建筑使用面积。模型的生成和修改速度也得以显著提升。

建筑信息模型（BIM）将不同学科整合到同一平台，使设计和建造过程实现革命性的转变。从设计、施工到运营维护，BIM 可协调整个项目的全生命周期，把技术细节用可视化的方式精确呈现，并完善建造过程中的变更管理。各专业设计人员采用 BIM 正向设计，在设计全程融入 BIM 技术手段，以新的思维和工作方式进行设计，先模型、后二维图纸，让各方对项目有清晰的全局认识，从而提升沟通效率。

通过运用人工智能（AI）、BIM、物联网（IoT）等前沿技术，传统建筑管理系统可实现数字化及智能化创新的目标。奥雅纳自主研发的 Neuron 数字平台赋予楼宇"数字化大脑"，使其可以感知外界环境变化并作出响应，从而优化能耗、提升效率。

建滔总部大厦全貌

© RSHP

　　　　　　　　第 6 章　数字工具

案例 6a
深圳建滔总部大厦

开发商：	建滔科技（中国）有限公司
建筑设计：	Rogers Stirk Harbor ＋ Partners（RSHP）、深圳市建筑设计研究总院（SADI）
奥雅纳提供的主要服务：	结构方案及初步设计、机电方案及初步设计、施工图审查、幕墙和消防设计
工程进度：	建造中
高度：	230m
楼层数：	53 层（包含 4 层地下室）
总建筑面积：	113835m^2
主要建筑用途：	办公楼及商业
项目负责人/供稿人：	张伟光、单丹、贺雪梅

建滔总部大厦是深圳前海城市新中心建设十大重点项目之一，占地约 6229.25m^2，建成后将成为在香港上市的全球覆铜面板龙头企业建滔集团的全球总部。项目的建成将有助于丰富前海产业结构，也将进一步推动深港合作。

在本项目中，奥雅纳与国际知名建筑事务所 RSHP 合作，共同打造以灵活空间、不受设备阻碍为目标的有弹性、有韧性的建筑项目。设计团队将 BIM 技术应用与设计流程相结合，从项目方案阶段开始，各专业设计人员均采用 BIM 进行协同设计，设计意图通过 BIM 模型直接生成、展示。借助 BIM 技术，各专业工程师充分理解相关专业的设计意图，采用一体化设计思维，同时辅以云平台和自动化工具，积极、快速地响应各方需求，为项目提供更好的解决方案，为业主实现实用、美观、创新、可持续的建筑项目，充分体现一体化的设计品质。

BIM 正向设计

近年来，BIM 技术已经普遍应用于建筑工程中，并取得了显著成效。然而，大多数设计企业仍然采用以专门 BIM 团队对设计成果进行事后建模的方式，着力解决施工前管线碰撞问题；在设计过程中则尚未实现 BIM 的深度融合，特别在设计的源头——前期方案和初步设计当中，尚未有太多 BIM 技术介入。

相对于 BIM 翻模，BIM 正向设计则通过设计人员在设计过程中全程融入 BIM 技术手段，以新的思维和工作方式进行设计，先模型、后二维图纸。当前，BIM 正向设计仍然处于观望及局部尝试阶段。事实上，前期的设计质量往往是工程质量和造价的源头，至关重要。而 BIM 正向设计恰恰可以发挥其优势，以 BIM 技术为设计方法，让各方对项目有清晰的全局认识，对相关专业的设计意图有更为准确的把握，在提升沟通效率的同时，以一体化设计角度考虑设计方案及其可行性，提前暴露问题、解决问题，将设计方案落地。

在奥雅纳，设计团队即 BIM 团队，通过设计团队开拓的 BIM 正向设计流程，在建滔总部大厦项目中得到充分体现。

1）空间优化

本项目为核心筒偏置的带联系桁架的巨型支撑框架结构，将办公区域和设备区域分开，电梯井及相关设备房间布置在塔楼一侧，从而形成 45m×30m 规整、开阔的办公空间，可以适应租户个性化的办公室设计需求，为其带来极大便利。但同时，这种非对称式设计导致结构构件和机电管线较大，在这种情况下，机房的布局、管线的敷设以及结构构件的配合就显得格外重要。

本项目地块面积小，地形狭长，容积率高。项目团队利用 BIM

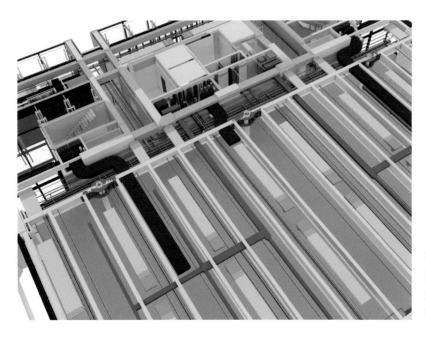

图 6a1
通过标准层设计模型优化空间
© Arup

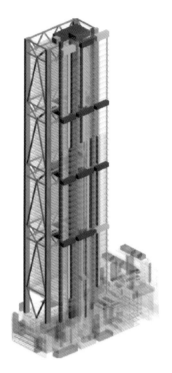

技术优势，配合建筑流线、停车位数量要求，将机电主设备用房最大化利用边角空间。此外，在大堂、办公标准层等区域，建筑、结构与机电通力配合，在综合考虑技术需求、成本等条件下，配合管线穿梁布置，以减少结构、机电占用空间，并实现后期采用半开放吊顶甚至无吊顶设计的室内美观需求。

2）细节设计

本项目建筑外观通透，东立面为外置电梯，从街道层面看，呈现为一个充满动感和色彩的动态立面，并为建筑内部提供自然采光和高层视野。因此，该部分的幕墙、电梯以及支撑钢结构的美感是建筑师关注的重点。

为了将建筑与结构之美相结合，本项目采用结构外露设计，主结构-巨型支撑框架的巨型构件均暴露在幕墙外侧。为了进一步突显结构美感，巨型桁架采用销轴连接，巨型支撑则采用特殊的螺栓拼接节点。在建筑内部，通过 6 根吊柱把办公楼层吊挂在巨型桁架上，不仅实现了办公区 43m×22m 的无柱大空间，而且显著减小了办公层的柱子尺寸。从建筑外侧看，巨型框架的大气和吊柱的纤细相得益彰。为实现建筑设计效果，节点采用有限元分析，并辅以详细的 BIM 模型进行设计，充分考虑具体构造做法以及施工可行性，以避免节点制作的偏差影响设计方案的落地。

图 6a3
巨型支撑
© Arup＋RSHP

图 6a4
节点设计
© Arup

3）景观配合

建筑的美观性是建筑师非常重视的一个方面，因此在景观配合方面，BIM 的立体可视化应用尤为重要。

地下室出地面的排风井看似不起眼，但若布局不合理，就会对景观环境造成较大的影响。在本项目中，项目团队总体考虑机电布局，配合建筑整体风格，将排风井集中布置，并满足景观对排风井造型的要求，将其与室外环境融为一体，形成统一的景观风格。

此外，在空中花园层设有 0.3m 的景观覆土。结构于此处设置加强层，以满足建筑立面及结构整体性、抗侧刚度的需求。在这种

图 6a5
室外景观配合
© RSHP

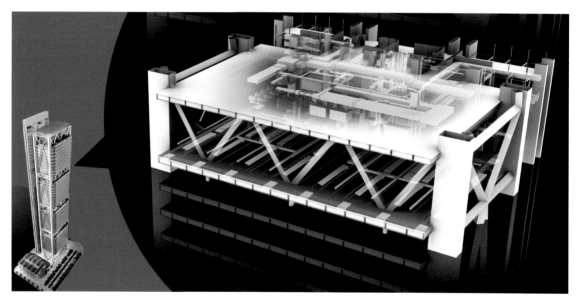

图 6a6
空中花园层景观配合
© Arup＋RSHP

情况下，下层排水管道较大，而对结构开洞却有着严格的控制。同时，由于空中花园的景观要求，管线不允许暴露在视野中。这给下方楼层净高及管线路由带来极大挑战。我们通过 BIM 模型可视化，很好地解决了这一问题。给水管线皆从下层高位往上布置，而排水管道则绕开净高紧迫区域进行敷设。所有管线布置通过 BIM 模型进行全方位审查，以满足空中花园整体景观要求。

4）装修造型配合

本建筑顶部设有两层通高楼层，为业主自用办公区，有着特殊的造型要求。加上其核心筒的偏心设计，对机电构件及管线有极高要求。在设计初期，各专业创建 BIM 模型进行造型细节配合协调，将机电构件隐藏于造型之中，并将结构构件与建筑造型效果深度融合，以保证其造型美观，并具有实施可行性。

图 6a7
顶层办公室造型配合
© Arup

5）设计自动化

BIM 模型的最大价值在于其数据集成，包括几何数据以及非几何数据。几何数据嵌入在模型当中，帮助设计人员从三维立体角度充分利用空间。而非几何信息则有着更大的使用潜力——这些信息以及大量隐藏在模型背后的信息，利用自动化工具配合奥雅纳自行开发的工作流程，可以进行模型生成、数据转换以及计算等，在方便设计人员随时查看及获取的同时，提高设计效率和质量。

例如，利用自动化工具，设计人员可以通过简单的绘制方式绘制机房和管井，同时快速获取其相关尺寸、面积、楼层、专业、用途等信息，从而总体把控各专业机房数据。将这些机房数据与机电设备表进行连接，可以在机房内快速放置包含设备参数的所需设备，方便设计人员准确、合理地布置设备。此外，通过自动化工具，快速生成 BIM 模型，并与结构、机电分析模型进行交互等，可以在提高效率的同时保证数据的一致性。

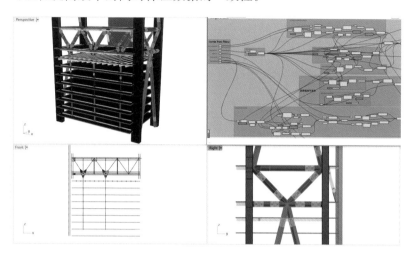

图 6a8
结构模型交互
© Arup

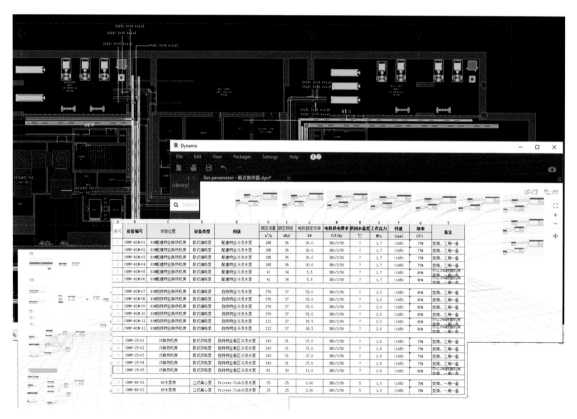

图 6a9
根据设备表在相应机房生成设备
© Arup

图 6a10
云平台
© Arup

基于 BIM 及云平台的设计协同

多专业参与、协作是建筑设计的核心，也是这一过程中最为频繁和耗时的工作。本项目采用云平台，与建筑师实时沟通，并结合面对面的设计协调会以及定期的模型交互。此外，在内部，本项目按区域指定设计协调专员，从项目整体考虑各专业设计，这种方式不但有利于提高整体设计质量，也有利于提升沟通效率。

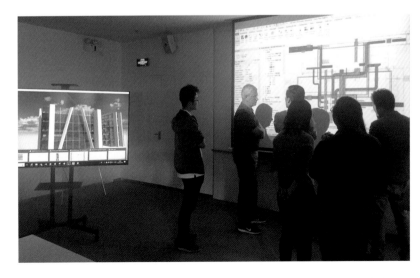

图 6a11
设计协调会
© Arup

结语

　　BIM 正向设计是一种全新的设计思路与管理运作方式，需要各方通力合作。诚然，BIM 正向设计带来了新的设计方法和手段，同时也带来了巨大挑战——它依赖于建设各方的参与和配合，以及对复杂工具的熟练掌握和与设计流程的深度融合。但其对提升建筑设计质量以及人员专业能力的潜力仍然值得我们去努力探索和实践。

　　与传统设计方式相比，BIM 正向设计更加高效、精准和科学，同时设计模型及数据为施工及数字化运营提供了基础和依据，这些都使其成为建筑市场中重要的技术手段。相信在不久的将来，BIM 正向设计将会更加广泛地应用于设计全过程。

北京中信大厦（中国尊）大厦全貌

© Li Wentao Architecture Photography

案例 6b
北京中信大厦（中国尊）

开发商：	中信和业投资有限公司
建筑概念设计：	TFP Farrells Limited
建筑设计：	Kohn Pedersen Fox Associates
建筑施工图设计：	北京市建筑设计研究院
奥雅纳提供的主要服务：	结构和岩土工程、消防和安防顾问
竣工年份：	2019 年
高度：	大于 500m
楼层数：	108 层
总建筑面积：	437000m^2
建筑用途：	办公楼
总承建商：	中国建筑集团有限公司/中建三局建设工程股份有限公司（联合体）
项目负责人/供稿人：	刘鹏、程煜、Dorothee Citerne

北京中信大厦（中国尊）优雅的弧线型外立面是建筑形式、结构效率、安全施工和商业需求巧妙平衡的结果。虽然许多建筑都以此为目标，但北京中信大厦通过参数化建模真正体现了这一点。

这种设计方法，是根据建筑师的空间要求和结构工程师的专业逻辑设定规则，使用计算机软件来系统化地完成建筑几何的每种可能的迭代。这些规则包括建筑面积最大化、结构效率最优化或施工便利化等方面。通过分析和完善可能的解决方案，可以设计出更高效的建筑形式。理性的、高层次的决策仍然由人来决定，而耗时的数字运算则交给计算机来完成。

为什么要参数化建模？

使用参数化建模来设计北京中信大厦有三个原因。首先是因为建筑师需要探索许多不同的方案来优化其建筑体型以满足规划要求，而且每个方案都需要结构工程师在短时间内完成分析。使用传统的分析方法，每个方案至少需要两名工程师工作七天才能完成；而使用参数化建模，仅需要两个小时。

其次，由于北京中信大厦比位于地震高烈度区的任何其他建筑都高得多，因此没有设计案例可以为其提供指导。参数化建模可以比较不同的方案，为继续探索最终方案提供了更大的信心。

最后，塔楼的形状及其弯曲的外立面需要复杂而漫长的结构分析。为了保持稳定性，大多数高层建筑倾向于采用恒定不变的或沿高度缩进的平面形状。但是，由于北京中信大厦的外形取意于中国传统礼器，拥有纤细的腰身和扩大杯口，因此，北京中信大厦有着固有的设计挑战，这也使在地震区建造这样一座高楼更加困难。将参数化模型与结构分析软件连接起来（使用奥雅纳研发的程序），可以准确地分析出建筑形式变化所带来的影响。

通过处理分析数百个不同的设计方案，最终的方案不仅具有优雅的弧线型外立面，而且结构体系也非常坚固。其中的四个方案如图 6b1 所示。

主体结构

塔楼的平面形状是带圆弧倒角的方形，中间是钢筋混凝土核心筒，四周是钢支撑框架。外围钢结构由重力柱、腰桁架、巨柱和巨型交叉支撑组成，腰桁架在视觉上将建筑物沿高度分为多个区域；巨柱贯穿建筑物的整个高度（图 6b2）。

巨柱是这栋 108 层建筑的主要承重构件之一，位于塔楼的每个角落。在第 1 至第 7 层，每个角落布置一根巨柱，从第 7 层往上，每个角部的巨柱变成两根，以提供高价值的角部空间。这些巨柱看

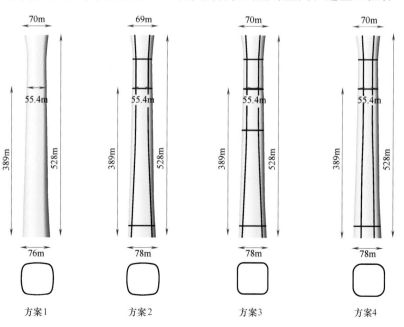

方案1 方案2 方案3 方案4

图 6b1

使用参数化建模研究四种不同的建筑方案

方案 1：初始模型，塔楼的所有侧面都是圆弧；方案 2：总体尺寸变化且；方案 3：增加一个额外的形状控制楼层，并且塔楼平面的所有边都是直线；方案 4：塔楼平面的所有边均为直线且圆角半径增加

© Arup

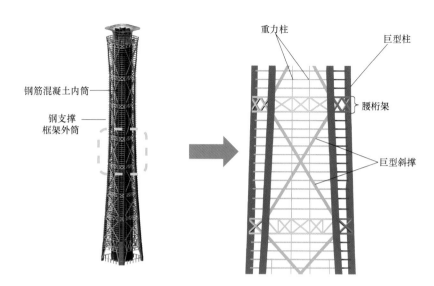

钢筋混凝土内筒

钢支撑
框架外筒

重力柱

巨型柱

腰桁架

巨型斜撑

图 6b2
北京中信大厦的结构体系
© Arup

似遵循建筑外立面的轮廓,但实际上是直线,通过在不同间隔位置改变巨柱的倾斜角度,从而产生曲线的错觉。

完善美学形态

优化塔楼的形式涉及以下四个方面(图 6b3):

- 方形楼面的边长
- 为了满足曲线轮廓的需要,确定外立面圆弧半径发生改变的位置(控制平面位置,CPL1~5)

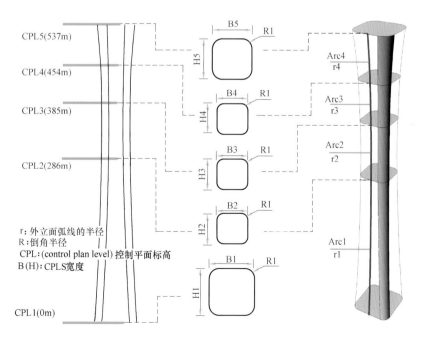

CPL5(537m)

CPL4(454m)

CPL3(385m)

CPL2(286m)

r:外立面弧线的半径
R:倒角半径
CPL:(control plan level) 控制平面标高
B(H):CPLS宽度

CPL1(0m)

图 6b3
塔楼的几何控制参数
© Arup

- 每个楼面倒角半径
- 外立面弧线的半径

优化巨柱的位置和轮廓

由于巨柱对塔楼的结构稳定非常重要，且所有的外围钢结构都以其为基准进行定位，因此确定出巨柱的几何位置是解决许多复杂问题的关键。我们在参数化软件中设置了影响巨柱设计的规则或约束条件，包括尽量减少巨型柱和幕墙之间的间隙。由于所有周边钢构件和幕墙之间都存在这样的间隙，减少间隙可以使可用建筑面积最大化，提高室内空间的可用性。在遵循这一规则的同时，还设定了另外一个约束条件，那就是确保工人有足够的空间来安装幕墙。巨柱和幕墙之间的间距还会影响建筑物的抗侧刚度最大化（通过两

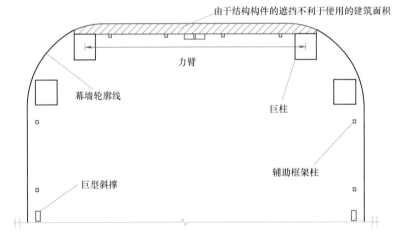

图 6b4
巨柱位置的限制条件
© Arup

α	不可用面积
25°	12975.3m²
26°	14514.1m²
27°	16178.5m²
28°	17943.5m²

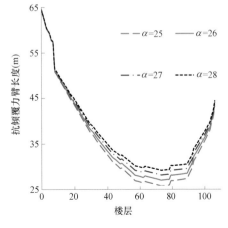

图 6b5
轴线倾角 α、力臂长度和不可用面积间的相互关系
© Arup

侧巨柱之间的抗倾覆力臂最大化）。这将有助于满足规范中抗震和抗风的需求。

然而，减少巨柱与幕墙的间距也会导致巨柱需要更多的转折点，以便其更贴近建筑外立面的曲线。这与减少巨柱转折点的数量以利于施工产生矛盾。参数模型能够通过这些约束条件来产生一个尽可能满足所有需求的建筑几何外形。

分析设计约束条件

为了明确不同建筑方案对结构受力性能的影响，奥雅纳利用结构分析软件对参数化模型进行了进一步分析。这一过程需要将参数化模型的结果以及额外的材料参数、截面尺寸和荷载信息等导入结构分析软件中。该分析假定巨柱将沿其长度与腰桁架通过一定角度进行连接。每个连接还将适应巨柱的垂直角度 β 的变化（图 6b6）。此外，还研究了每个巨柱是否在每个腰桁架的上、下弦均转折，抑或仅在其中一处转折。

每种工况都会影响传递到腰桁架构件中水平荷载的比例，进而会明显影响其截面尺寸。分析表明，仅在第 7 节段上下方，将巨柱在腰桁架的上、下弦杆均转折可以实现最合理的荷载分配；而在其他节段处，巨柱则仅在腰桁架的下弦杆转折。这是尽量减小巨柱和

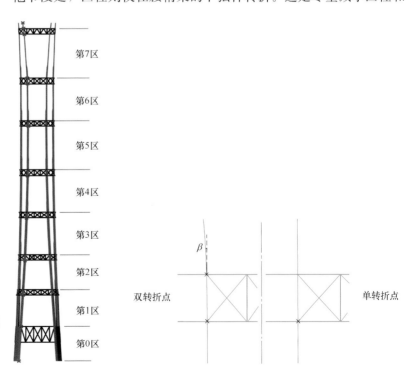

图 6b6
腰桁架和巨柱（红色十字形）之间的 12 个连接点，竖向倾角 β 不超过 6°
© Arup

案例 6b　北京中信大厦（中国尊）　　　165

外幕墙间距的最佳方案，也尽可能地减少了巨柱的转折数量（12个），且使传递到腰桁架中的力更加合理。分析时限制巨柱的竖向倾角 β 不超过 $6°$。

其他设计约束条件还包括在整个建筑高度上尽可能保持巨柱的总体截面尺寸规则变化，从而避免其周边焊接板的扭曲。

满足规范要求的同时节约成本

工程师还采用了其他分析软件对结构模型的性能进行了校核，确定其满足抗风、抗震和其他结构设计规范的要求。此外，还通过每个方案的材料用量对其建造成本进行了估算。从参数化模型中提取关键细节进行有限元分析。这是奥雅纳实施智能设计框架的首个项目，该项目采用了参数化建模、结构分析和成本分析，并形成了一个最终的建筑信息模型（BIM），可以分享给其他团队进行详细设计。

通过参数化建模对北京中信大厦的几何形状进行优化，使总建筑面积增加了 $8700m^2$。同时通过对构件截面更大的半支撑方案和

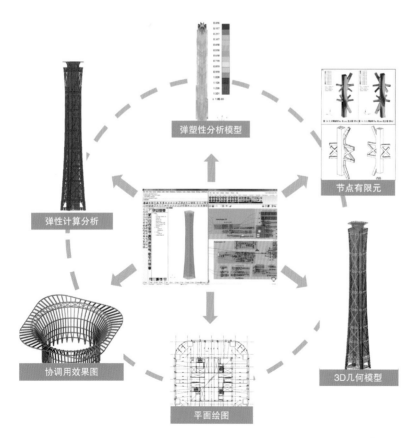

图 6b7
本项目中智能设计框架所发挥的数据互通性
© Arup

全高支撑方案的对比，结构设计最终采用全支撑方案的用钢量比采用半支撑方案进一步减少了 $50\mathrm{kg/m^2}$。

计算机技术的使用使设计和施工风险降至最低，在优化材料成本的同时还使有效建筑面积最大化，从而创造了这栋令人惊叹的建筑。北京中信大厦是智慧和技术近乎完美的结晶。

复杂结构和幕墙系统的参数化分析

北京中信大厦以南 250m 是 405m 高的 Z6 大厦，也是由奥雅纳通过参数化建模进行设计。Z6 的斜交网格体系是其外立面不可分割的组成部分，因此优化其结构性能对建筑物的外观将有深远的影响。经过仔细权衡，得到了斜交网格体系的最终布置形式：

- 整体结构性能和关键节点的需求
- 幕墙板块种类（更少的种类可以降低成本）
- 外立面的整体美感

除了使用参数化工具生成不同斜交网格方案的主要结构构件之外，奥雅纳还开发了另外一套工具对每个斜交网格方案进行快速和直观的评估。这涉及测量所有构件的长度、角度和交叉点的数量。总的说来，这一直观的评估方法可以快速比较不同方案，并有助于突显出需要进一步改进的区域。

图 6b8
向不同方向弯曲的巨撑和密撑共同形成了 Z6 的斜交网格外筒及其独特的双弯曲外形
© Foster & Partners

案例 6b　北京中信大厦（中国尊）　　　　　　　**167**

太古坊一座全貌

© Marcel Lam Photography

第 6 章 数字工具

案例 6c
香港太古坊一座

业主：	太古地产
建筑设计：	王欧阳（香港）有限公司
奥雅纳提供的主要服务：	土木、结构、幕墙、消防、可持续建筑和数字化平台等咨询服务
竣工年份：	2018 年
高度：	228m
楼层数：	48 层
总建筑面积：	92903m^2
建筑用途：	办公楼
总承建商：	金门建筑有限公司
项目负责人/供稿人：	陈士、纪美岐、绪伟凡

太古坊一座位于港岛东部，是太古坊重建项目中首座落成的甲级写字楼。整个重建项目包括新建两栋楼面总面积逾 18.5 万 m^2 的写字楼及逾 6500m^2 的公共开放空间。太古坊一、二座于 2018 年和 2021 年相继落成，吸引了众多国际知名企业入驻，同时也为城市天际线再添新亮点。

为了打破传统建筑管理系统的局限，同时实现数字化及智能化创新的目标，我们在太古坊一座部署了由奥雅纳自主研发的 Neuron 数字化平台的 Neuron 楼宇模块。通过运用人工智能（AI）、建筑信息模型（BIM）、物联网（IoT）等前沿技术。Neuron 赋予了楼宇"数字化大脑"，使其可以感知外界环境变化并作出响应。

Neuron 楼宇模块为楼宇提供中央管理控制平台的同时进行大数据分析处理，从而帮助优化能耗、提升效率。在此基础上，Neuron 楼宇模块重新定义了传统的建筑运维方式，也助力将太古坊一座打造为香港首座以数据驱动的人工智能建筑。

建筑系统的互联与数据整合

楼宇自动化和能源管理系统已施行多年，然而现存系统多主要侧重于监控报警功能，缺少了对建筑数据进行整合分析进而提供运维建议和启示的能力。相较而言，Neuron 楼宇模块则可以看作是一个可将建筑内不同设备连接至云端服务的基础平台，再运用人工智能与大数据分析对动态环境作出迅速响应，使运维者在建筑管理操作中变被动为主动。

在太古坊一座中，Neuron 楼宇模块平台覆盖的数据主要通过 BACnet、Modbus 等开放协议采集自建筑管理（BMS）和通风制冷（HVAC）等系统，进而对制冷机组、空调系统、重要电力设备等组件的运行状态与能耗进行监控管理。

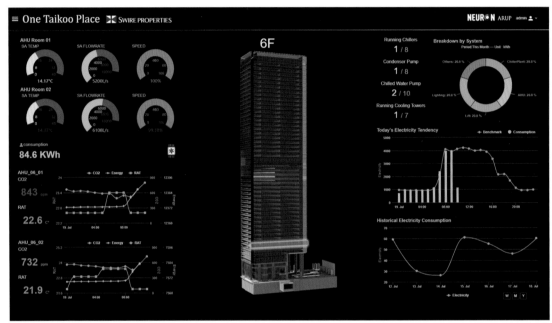

图 6c1
太古坊一座数字化平台首页
© Arup

图 6c2
太古坊一座数字化平台
© Arup

而为了填补部分 BMS 系统未能提供的数据，Neuron 楼宇模块平台亦结合了物联网 IoT 中传感器的部署。例如，室内空气质量（IAQ）传感器就可传送实时空气质量数据至 Neuron 平台，由其根据内置的分析算法结合能耗情况，提供冷气设置参数建议。

整合 BIM 的建筑全生命周期管理

在太古坊一座数字化管理平台中，三维建筑模型与实时建筑环境数据的整合可视化是其中一个创新性的亮点。

太古坊一座包括地上 48 层及地下 2 层，在这样的体量下初始 BIM 模型内的构件数可达数十万。为了方便平台页面的管理操作，项目组将整个建筑的 BIM 模型依据所在的楼层位置及元件所属的系统如电气、通风、照明、结构等进行了拆分，并在数据库中分层级对各部分的编号、视角等信息进行管理，使得用户可以通过菜单点击，快速筛选隔离出想要查看的区域和系统设备。

结合通过 COBie 导出的设备数据，项目组对各系统的主要元件进行了标注，同时建立数据库，对太古坊一座需纳入日常维护范围的设备进行统一管理，并与通过开放协议从 BMS 及传感器取回的数据进行匹配。

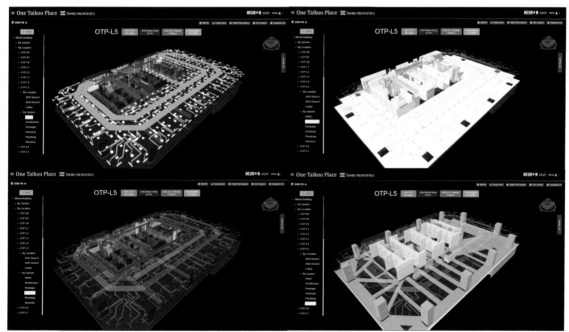

图 6c3
用户可在 BIM 界面中筛选区域与系统设备进行管理
© Arup

图 6c4

点击 BIM 构件可获取设备所有相关信息

© Arup

在平台最终呈现的用户界面中，太古坊一座的运维人员只需点击模型中的构件就可以即时获取包括设备采购信息、维保记录、图纸文件和实时运行数据在内的全部相关信息。也可以通过菜单中的快捷按钮跳转至送风机房、水泵房等重点区域进行在线巡检，从而极大提升了运维管理效率。

人工智能助力系统优化

在太古坊一座部署时，Neuron 通过利用机器学习及神经网络算法对 BMS 等系统中采集的大数据进行分析，实现了状态监测、状态预测、状态决策和故障诊断融合为一体的预测性运维模式，从而优化制冷、灯光、电梯等各个系统的运行情况，将智能建筑概念提升至全新水平。

Neuron 利用机器学习算法对取得并存储的海量历史数据进行分析，并根据外部环境情况准确预测当日的系统耗能需求量，避免人类对天气和能源需求的不准确估计；同时综合机组运行状态预测和智能图像处理技术对人流的分析，Neuron 可选取最优化的制冷机

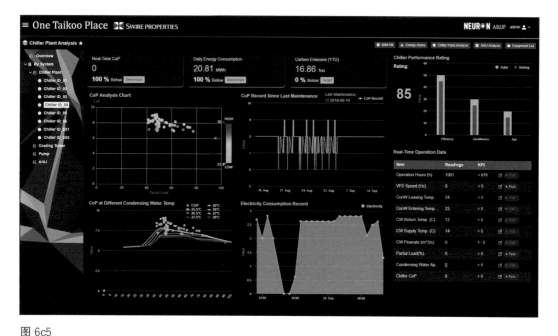

图 6c5

基于机器学习预测结果的制冷机组当日运行模式建议

© Arup

图 6c6

平台消息提醒预警页面

© Arup

组、风机机组等的运行模式与运行参数，并为客户生成实时运行模式建议，从而提高各建筑系统的运行效率，达到节能的目的。

同时，在对制冷机组、空调系统、重要电力设备等组件的运行状态与能耗进行监控管理过程中，Neuron 通过 AI 算法对历史数据的分析发掘出原本隐藏在数据冰山中的规律，对各设备的运行状态进行实时监控，如检测到异常情况即可及时预警，减少可能的能源浪费与财产损失。

数字化运维流程

Neuron 所提供的预防性维护措施及其所配备的即时监控与应急响应功能也在为太古坊一座的安全运营保驾护航。平台的后端数据中枢不间断读取制冷机、冷凝水泵、空调系统末端等设备的实时运行数据，并运用算法对异常情况及时预警，最大程度降低故障风险。

火灾等紧急情况下，平台前端页面更支持 CCTV 画面轮播、动态逃生路线模拟和周围交通监测等，提升大楼整体应急响应能力，保障租户人身安全健康。

定制化可视界面

根据太古坊一座的日常运维需求，项目组结合三维模型设计了简单直观、度身定制的可视化界面优化运营流程，使其不仅适用于单一建筑，更可应用于其他行业和市场领域，为城市层面的建筑环境数字化转型开启新的格局。

打造建筑业的数字化未来

Neuron 楼宇模块平台在太古坊一座的部署可视为太古地产致力于实现数字驱动的建筑运维模式进程中的关键节点。Neuron 楼宇模块重新定义了传统的建筑设计、制造、管理和运维模式，也在如何运用 AI 技术促进建筑节能、优化资源效率、保障使用者健康和空间环境体验方面带来全新视角，同时为推动建筑环境可持续发展提供了新的可能性。

Neuron 楼宇模块平台在太古坊一座的实践更已获得业界的广泛认可，获得业界大小奖项。这一全港首个基于 AI 的建筑解决方案，无疑是香港建筑业数字化进程中一个新的里程碑。

Neuron 楼宇模块只是 Arup Neuron 平台的其中一个模块，倘若有更多的楼宇采用 Neuron 楼宇模块平台，结合 Arup Neuron 平台如城市模块，便能使小区至一个城市成为更有智能及智慧的城市。

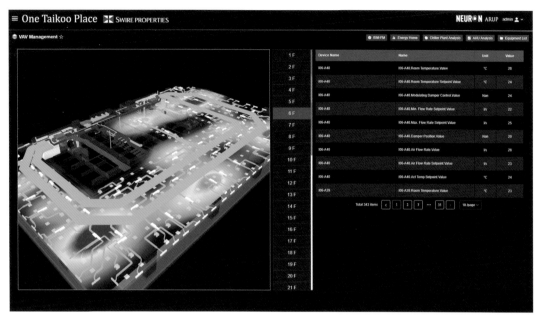

图 6c7

结合三维模型热力图对空调系统末端实时温度作可视化显示

© Arup

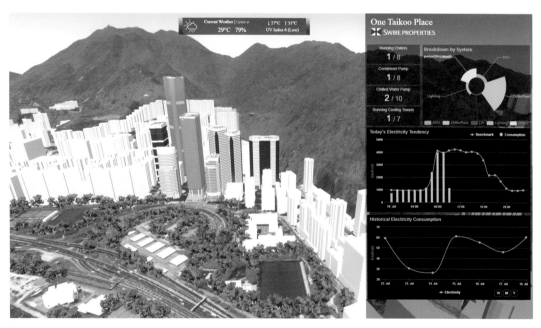

图 6c8

太古城区域的三维可视化界面

© Arup

第 7 章
一体设计

　　"一体设计"是奥雅纳创始人奥雅纳爵士提出的设计理念，旨在促进协同工作，实现最佳设计。这一理念认为，各自为阵无法形成协同效应；精诚合作才能提出更好、更全面的方案。这在高层建筑中尤为重要，因为高层建筑如同网络庞大、系统复杂的垂直城市，要使其高效运作必须整合结构、机电等众多专业技术。

　　"一体设计"注重各学科之间的协同效应，促成共赢方案。要充分发挥其潜力就必须将这一理念贯彻项目始终。多家志同道合的公司可以实现这一目标，但最有效的无疑是让同一家公司提供项目所需的众多技术。

　　奥雅纳的服务多元，在同一项目上可承担多种不同角色。公司的办公室遍布全球，配备先进的 IT 技术，世界各地的专家可以无缝地协同工作。

　　对于最复杂的高层建筑项目而言，协作往往是最强大的设计工具，可以提供简单、合理、安全的解决方案，让最出色的方案得以实现。

广州塔全貌

© Kenny Ip

第 7 章 一体设计

案例 7a
广州塔

开发商：	广州新电视塔建设有限公司
建筑设计：	信基建筑事务所
施工图设计：	广州市设计院
奥雅纳提供的主要服务：	总体规划、建筑设计、结构设计、机电设计以及设计阶段成本控制等方面的首席顾问
竣工年份：	2010 年
高度：	600m
楼层数：	37 层
总建筑面积：	114054m^2
建筑用途：	通信和旅游观光
总承建商：	广州市建筑集团有限公司、上海建工集团
项目负责人/供稿人：	蔡志强、赵宏

广州塔高 600m，因其扭转的纤纤细腰昵称"小蛮腰"，已成为广州的城市象征和文化地标。广州塔造型优雅，功能实用又不失灵动。塔体由钢管混凝土外筒和椭圆形的钢筋混凝土内筒组成，外筒绕着内筒沿结构高度方向偏心旋转，并逐渐缩小平面尺寸，内筒则主要用于电梯和楼梯等垂直运输系统。

网格钢结构外筒由斜撑、立柱和环梁组成，环梁围成与水平方向呈 15.5°的椭圆，并在竖直方向上沿结构全高布置。钢立柱的扭曲程度通过位于顶部和底部的两个相互偏心并错位的椭圆形边界确定，顶部椭圆长轴×短轴尺寸为 54m×40.5m，底部椭圆为 80m×60m，上、下两个椭圆轴线夹角为 45°。

外筒内为功能性空间：37 个使用楼层被分成五个区域，每个区域之间由开放的网格结构分隔。观景台位于最高层，而餐厅、电视演播室、游览设施和电影院则占据着其他楼层。

2010 年竣工时，广州塔是当时世界上最高的独立建筑，虽然它的设计看起来很复杂，但实际上建造起来相对简单。这得益于其"一体设计"解决方案，即由奥雅纳对所有设计方面进行统筹考虑，有效整合结构、机电、抗风、抗震、消防工程以及照明设计等各专

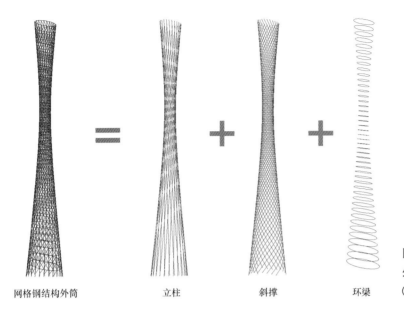

图 7a1
外筒由立柱、环梁和斜撑组成
© Arup

网格钢结构外筒　　　立柱　　　斜撑　　　环梁

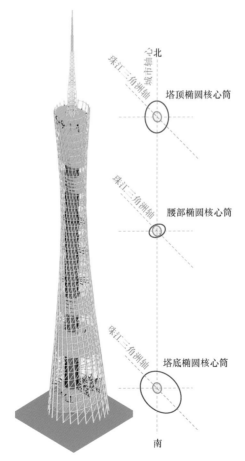

北
珠江三角洲轴
城市轴心
塔顶椭圆核心筒

珠江三角洲轴
腰部椭圆核心筒

珠江三角洲轴
塔底椭圆核心筒

南

图 7a2
以椭圆的内筒作为基准逐渐
偏心，塔楼底部、腰部和顶
部横截面的相对关系
© Arup

业设计和工程领域，从设计伊始，就与建筑师开始密切合作。

建筑形式与结构功能的平衡

建筑师设定了两个椭圆的起点，这两个椭圆在几何上定义了塔楼底部和顶部的形状。在此基础上，奥雅纳采用参数化建模，对立柱的数量、扭曲程度以及环梁的数量和倾斜角度进行迭代求解，最终实现预期的建筑形式。

然而，这座塔楼的任何设计都不是孤立的，因此在设计塔楼的几何形状时，需要考虑其他与设计和建造相关的标准，从而确保建筑形式和结构功能之间的平衡。奥雅纳最终将立柱的数量从 30 根减少到 24 根，这也减少了节点的数量，使结构的施工更便利。这些立柱采用钢管混凝土，改善其防火性能，同时也为轻质的塔楼增加重量（以帮助将其"锚固"）并提高刚度。

奥雅纳还考虑其他受力因素对结构进行了优化，钢板的厚度从 30mm 到 50mm 不等，立柱的截面直径从底部的 2m 逐渐减小为顶部的 1.2m。

工程师还通过参数化建模对其他构件进行了详细设计，包括 46 组环梁和斜撑。在完成抗震和抗风分析后，确定其具体尺寸、厚度和间距，以及塔楼内需要额外加强的区域。

纤纤细腰

纤纤细腰尽显广州塔的优雅灵秀，同时也给结构工程师带来极大的挑战。腰部尺寸直至方案设计临近尾声才最终确定：最窄处仅 22m。这是多个学科共同合作的结果，在结构功能、建筑形式和预算需求之间取得了平衡，同时也适当考虑了复杂荷载组合、临界风需求、地震和温度作用的影响。

细腰尺寸也很大程度上取决于核心筒的最终尺寸，这个椭圆核心筒的尺寸为 15m×18m。

核心筒必须容纳六部电梯、机电管井、天馈线井、等候区、楼梯以及所需的安全出口。等候区和垂直交通的设计基于正常运行模式和紧急运行模式，因此必须配合塔楼的消防疏散策略。为了保持核心筒的紧凑和纤细，机电管井必须调整为最佳截面尺寸，并采用双层景观电梯代替单层电梯，从而可以利用相同的面积运输两倍的人员。

为了给收腰结构提供足够的刚度，收腰部位的环梁间距仅为 8m（在顶部和底部区域环梁间距为 12m），从而使斜撑的结构效率更高。

案例 7a 广州塔

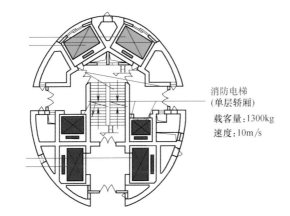

观光电梯
（双层轿厢）
载客量：2×1600kg
速度：4.5m/s

旅客电梯
（双层轿厢）
载客量：2×1600kg
速度：6.0m/s

消防电梯
（单层轿厢）
载客量：1300kg
速度：10m/s

图 7a3
紧凑的核心筒显示了电梯、楼梯和大厅的布置
© Arup

风吹而过

由于该塔楼是开放式结构（类似于输电塔）和封闭式结构的组合，封闭部分主要位于塔楼使用楼层，而对于开放式部分，风荷载可以穿过建筑，因此很难采用规范方法确定结构的风荷载。例如，开放式部分受到的风荷载形式会非常复杂，因为风荷载会影响众多表面——外筒迎风面、核心筒迎风面以及背风面。

奥雅纳利用风洞试验，确定塔体结构所承受的风荷载以及在风荷载作用下结构的加速度响应。地形地貌采用 1∶2000 的缩尺模型，但由于塔楼结构复杂，风工程师同时建立了 1∶150 的大比例片段刚体模型，分别评估 9 个区域的风效应。

图 7a4
以 1∶2000（左图）和 1∶150（右图）的缩尺模型对塔楼进行风洞测试
© Arup

试验测得的风荷载显示，工程师的设计需在正常使用状态和极限状态下满足舒适度和安全性的要求，并考虑公众和工作人员可接受的摆动程度。此外，在强风期间，塔楼会对公众关闭，但负责电视传输的工作人员可能还要留下继续工作，因此，需要确定出结构沿高度方面可接受的风致摆动限值，并据此设计相应的结构。

塔体稳定性

由于广州塔为独特的混合结构——介于构筑物和建筑物之间的结构形式，标准的抗震设计方法并不适用。因此，需要根据结构、机电、消防控制、电视传输以及人员舒适度等方面的综合性能需求确定结构的层间位移角限值。

对于小震和中震，根据结构性能化设计标准，楼内人员应不受影响，且塔体应完好无损。对于大震（重现期为 2475 年），结构需要保持完整，或者"塔楼本身不发生倒塌，天线不折断"。

工程师利用数值模拟对结构在地震下的响应进行了分析预测，再根据最不利情况对某些构件进行了加强或重设计，并利用振动台试验对结构的整体性能进行了验证。

日照与风速影响

塔楼结构暴露在日照下，易受温度影响引起不均匀变形。为了明确变化的日照会在何时、以何种形式影响每个结构构件，奥雅纳的建筑物理工程师开展了大量研究。分析表明，在太阳辐射下，塔楼向阳侧的温度可能会达到 70℃，而阴面的温度仅为 33℃，这种不均匀温差会导致塔楼的变形。有必要对结构进行详细设计来抵御由日照影响在结构中产生的附加温度应力。

机电设计中还必须考虑塔楼较高楼层处风速增大的现象。考虑到材料暴露在较高风速下散热会更快，从而导致室内温度更低。为了解预期的温度变化，机电工程师将 450m 高的塔楼（不包括顶部天线）分成 7 个区域，并计算每个区域不同建筑材料的传热系数。结果表明，当地面温度为 33.5℃时，塔顶温度只有 30.6℃。在室内建议温度为 26℃的情况下，上部楼层的制冷量要远小于下部楼层，这样上部楼层可以节省大量能源。

塔楼上部楼层室内温度更低的现象也启发了机电专业的解决方案——在塔楼内采用两种不同类型的空调系统：底部 150m 采用传统的水冷空调，顶部 120m 采用低能耗的气冷空调系统。

图 7a5
1：50 缩尺的塔楼振动台试验
© Arup

塔楼施工

奥雅纳团队在进行结构设计的同时也考虑了相应的施工方法，特别是在设计立柱、斜撑和环梁之间的相互关系时。这些环梁位于立柱内侧并通过刚性节点连接，这有助于为工人创造足够的施工空间，从而舒适和准确地连接环梁和立柱。此外，这也具有美学上的

图 7a6

塔楼的内部和外部视图：环
梁构成了主要的内部视图
（左图）和扭曲立柱构成了主
要的外部视图（右图）

© Arup

优势——减少环梁的外部视觉冲击感，而增强其内部视觉效果。斜撑与立柱则位于同一平面，这有利于预制节点的设计与施工。

奥雅纳团队在设计初期阶段进行了详细的施工可行性研究，确定了适用于钢结构构造的特定施工技术。

核心筒的施工采用爬模工艺，核心筒上安装了两台塔式起重机进行所有的吊装作业。为了减少要提升的构件数量，以及减少复杂节点的高空作业次数，立柱和斜撑的节点采用了工厂预制的形式。针对这些节点设计了一种标准节点类型，可以适应立柱和斜撑的不同角度和尺寸。

为节省施工时间和成本，将立柱及用于后续环梁和斜撑连接的节点板预制后吊装和定位，从而避免了单独构件和节点的施工。现场共1104个节点，只需一套安装和检查流程，节省了现场安装时间。

从主屋顶开始，150m 高的天线下部（为桁架式）采用塔式起重机安装，顶部 97m 则采用提升法安装。

水箱阻尼

用于塔楼消防喷淋和消火栓系统供水的两个水箱是"一体设计"

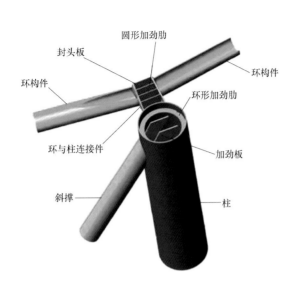
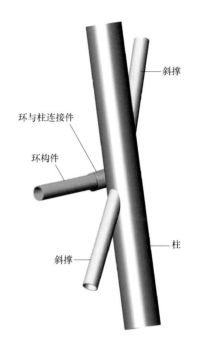

图 7a7

能适应不同位置的标准节点

© Arup

图 7a8

安装预制柱和支撑节点

© Arup

<figure>
图 7a9
广州塔的水箱阻尼系统
© Arup
</figure>

的最佳诠释。水箱总重 600t，位于 438m 的高处，并将其安装在滚轴上，可起到被动减振的作用，与一个 50t 的主动质量阻尼器一起抵抗由强风引起的结构振动或其他潜在摇晃。在强风作用下，传感器会监测到塔楼的位移，并激活水箱向反方向运动，从而可将振幅降低 40％。水箱的阻尼效果同样也有助于提高塔楼的抗震性能。

将水箱放置于建筑物顶部也提供了一种直接安全的灭火方案，因为水可以在重力作用下流动并且不需要泵送，在可能没有电力供应的紧急情况下尤其重要。不过作为额外的预防措施，其他楼层也设置了辅助水箱。

卓越的一体化设计

为了确保 2010 年亚运会的使用，广州塔的设计进度非常快，研究、分析和各项审批更为精简，以推进设计决策进程，而不造成延误。"一体设计"方法鼓励所有学科之间进行深度合作，确保塔楼达到最高标准。

"一体设计"的影响力远不止于此。例如，在施工后期安装的监测结构位移的设备现在仍在为塔楼的运营提供服务，它能监测由风、温度和地震作用引起的结构位移、加速度和应力。具有位移传感器和数据采集与处理的自动化系统可以对数据进行可视化处理，从而实现现场和远程数据管理，极大地促进了智能大楼的运营。

滨海湾金沙酒店全貌

© Paul McMullin

案例 7b
新加坡滨海湾金沙酒店

业主：　　　　　　　　拉斯维加斯金沙集团
建筑设计：　　　　　　摩西·萨夫迪建筑设计事务所
执行建筑师：　　　　　Aedas 建筑师事务所
奥雅纳提供的主要服务：结构、岩土、土木、消防工程、幕墙、风险、安全、声学和视听以
　　　　　　　　　　　及交通规划等方面的咨询
竣工年份：　　　　　　2010 年
高度：　　　　　　　　206.9m
楼层数：　　　　　　　57 层
总建筑面积：　　　　　581400m^2
建筑用途：　　　　　　酒店、会议、商场和娱乐
总承建商：　　　　　　SsangYong Engineering and Construction Co. Ltd（酒店）、JFE/
　　　　　　　　　　　Yong Nam JV（空中花园）
项目负责人/供稿人：　张华灿

　　新加坡滨海湾金沙建于 15.4 公顷的填海土地之上，已成为亚洲卓越的商业和休闲旅游胜地。项目包括拥有 2560 间客房的酒店、多功能会议、展览厅、购物和零售区、两个剧院、赌场、一座博物馆和两个水上"水晶楼阁"（图 7b1）。因其规模宏大，许多技术难题需要解决，而且需要在短短四年内竣工，所以设计这个度假胜地非常具有挑战性。

一体设计

　　整个项目最引人注目的莫过于滨海湾金沙酒店——主体由三栋呈倾斜状的塔楼组成，在顶端由占地 1 公顷的空中花园连接，形成世界上最长的公共悬挑结构，蔚为壮观。

　　从塔楼基础的挖掘和建造，到空中花园悬挑结构的稳定性，再到三座巨型塔楼施工的可行性……滨海湾金沙项目的各个方面都是对工程极限的挑战。奥雅纳的工程团队汇聚来自四大洲的技术专家，负责结构、幕墙、消防和风工程的设计以及动力分析和 BIM 建模，跨专业的紧密合作和跨时区的不间断沟通，使我们能够提出

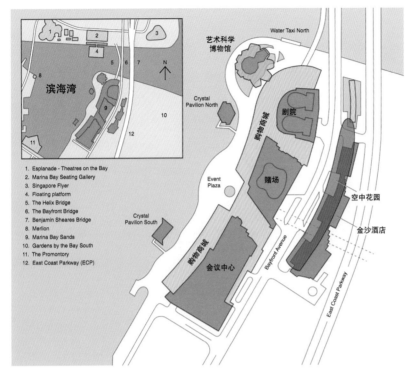

图 7b1

滨海湾金沙度假村的位置及
总平面图

© Nigel Whale/Arup

一系列创新方案，突破项目地理条件上的限制和当时的技术局限，将设计概念变为现实。

　　本文着重介绍空中花园的设计和建造，以展示奥雅纳如何运用其"一体设计"理念，对项目各方面进行整合考虑，以呈现这一卓越非凡的旅游胜地。

空中花园

　　由于地面的绿地和休憩用地有限，建筑师在酒店顶层设计了宽38m、长340m的空中花园，连接酒店的三栋塔楼，塔楼间跨度约为50m，且空中花园伸出最北端的3号塔楼边缘约66.5m。这座屋顶绿洲拥有约500棵高达8m的大树，一个长146m的无边泳池和一个观景平台，营造出全球最极致的城市体验之一。

　　要将空中花园设计成安全和高鲁棒性的结构需要一些巧思，如果没有"一体设计"协调各专业向同一方向努力，空中花园不可能变成现实。凭借奥雅纳在众多服务中的领导性，协作是设计中非常自然的一部分，进而为这一独特的结构提供了最佳解决方案。

　　空中花园的设计挑战颇多，例如：设计既坚固又高效的结构，并在塔楼上施加可接受的荷载；以建筑上可接受的方式适应变形；

图 7b2
空中花园的无边泳池
© Timothy Hursley

图 7b3
空中花园横跨三栋塔楼
© Andy Gardner/Arup

图 7b4

空中花园底部覆层

© Timothy Hursley

解决悬臂结构的动力和气动力问题；确保噪声不传到酒店。此外，还需要确保施工的安全性。

不同于钢筋混凝土框架结构的塔楼，空中花园采用了轻质高强的钢框架来解决大跨度问题，并利用预制钢管柱将空中花园连接到塔楼上。

差异位移与变形

尽管三栋塔楼的高度相同，但其形状略有差异，倾斜墙壁会在结构中引起额外的应变和位移（参见说明：三栋塔楼），而且塔楼内的长期蠕变和沉降也不是恒定的。为了抵消这种变形，以及由风及地震引起的位移，空中花园被设计成五个不连续的部分，由四组带有支座的接头铰接（图 7b5）连接而成。这可以让每栋塔楼与其顶部"锤头状"的空中花园部分作为一个整体发生运动。由于施工的便利性，该方案从奥雅纳提出的众多解决方案中脱颖而出。

空中花园主要包含以下几个部分：位于 1、2 号塔楼顶部的钢框架和组合楼板结构体系；连接塔楼且跨度为 50m 的 3 榀纵向钢桁架（图 7b5）；最后一部分位于 3 号塔楼顶部，由 200m 高空伸出的

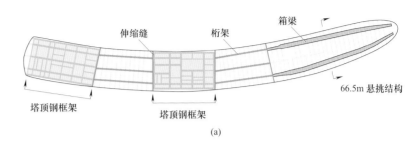

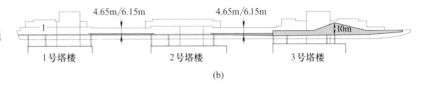

图 7b5

空中花园分成五部分，并通过伸缩缝相连

© Nigel Whale/Arup

长约 66.5m 的悬挑结构。每座塔楼用作电梯井的核心筒穿过空中花园，为其提供额外的刚度。

风荷载引起的短期位移以及活荷载引起悬臂结构的动力响应给设计师带来了更多设计挑战。

悬挑结构

悬挑式观景平台是一个钢框架结构，分为 6 个部分，并带有一个主箱梁背跨。团队需要了解其在风荷载作用下的响应以及人致振动，并对建筑和桥梁同时进行设计，其复杂程度在世界工程史上实属罕见。奥雅纳的结构和桥梁动力学专家以前所未有的方式展开协作，为悬挑结构设计了两个 3.55~10m 高的后张预应力加劲箱梁（图 7b6）。

由于悬挑结构对公众开放，设计需要考虑集体舞动等节律性运动引发的结构共振，以减低空中花园游客可能感到的不适感。通过奥雅纳的动力学、风工程和结构工程专家共同努力，提出在悬挑结构的尖端设置一个 5t 的调谐质量阻尼器，以控制悬挑结构的动力响应。

另一方案是采用额外的钢结构对悬挑部分进行加强，但这会增加结构重量，也会对结构施加额外的应变或使悬挑尖端部位产生更大的变形。经过反复研究，最终的解决方案是在调谐质量阻尼器的基础上对悬挑结构进行了适当加强。

空中花园竣工后，设计团队组织了超过 120 人在悬挑结构尖端跳跃，验证最终解决方案的性能是否满足原设计要求（图 7b7）。

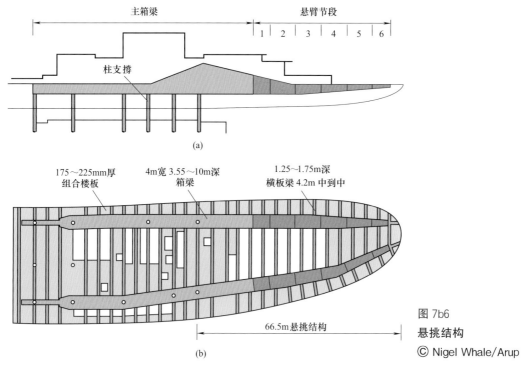

(a)

175～225mm厚
组合楼板

4m宽 3.55～10m深
箱梁

1.25～1.75m深
横板梁 4.2m 中到中

66.5m悬挑结构

(b)

图 7b6

悬挑结构

© Nigel Whale/Arup

图 7b7

120 多人在悬挑结构的尖端
进行动力测试

© Arup

设计匠心，抬头可见

　　为了引起地面行人对建筑物的关注，奥雅纳的幕墙和结构工程师花费了大量时间来完善悬挑结构底部表面的装饰。这个引人注目的弯曲底面由不同的面板组成，在连接处形成几何图案。"一体设计"对于呈现这类极致细节至关重要，特别是在连接部分需要适应一定量位移的情况下。解决方案采用弹簧来固定装饰板之间的间隙，以适应不同程度的位移。当悬臂尖端的曲线变得更加圆滑时，面板就被替换与结构外轮廓完全匹配的金属板（图7b4）。

内部保护区

为了减少酒店内微小声音的传播，结构工程师、声学工程师和幕墙工程师在空中花园和酒店客房之间共同进行了一些细节设计。因为许多客房位于空中花园的机电室下方，工程师对结构布局进行重新设计，并设置了声学缓冲区或补偿区来保护酒店客房，从而增强旅客对豪华酒店的预期感官体验。

安装屋顶

奥雅纳在着手空中花园的设计时就开始认真考虑其施工的可行性。设计和施工团队（包括结构工程师、土建工程师和桥梁工程师）定期开会讨论吊装流程，从而确保结构构件设计得当。本着"一体设计"的原则，这些讨论对空中花园和塔楼主体结构和施工方案均产生了影响。

在空中花园施工时，施工团队若只在每栋塔楼笔直立面架设拉索千斤顶，将各节段从地面吊装就位，就会给塔楼造成较大的倾覆弯矩，因此需要对塔楼进行特别加固。施工团队的方案是将拉索千斤顶连接到每栋塔楼顶部的两侧，就可以抵消倾覆力矩，使整体吊装过程更平稳。就倾斜外墙所产生的距离，拉索千斤顶则利用伸出的钢臂来定位。

在悬挑结构主箱梁之间的次梁上架设了一个可移动的起重龙门架（在桥梁施工中运用得更广泛）。利用龙门架吊装6个悬臂节段，每节悬臂节段重约200t（图7b8），随着每个节段安装完成，龙门架不断向前推进。

空中花园总共分成14块预制钢构件，整个构件的吊装过程需要十分谨慎，每块需要花费一整天的时间才能将其提升200m并就位。吊装就位后，还需要花费5天的时间来固定、检查和表面处理。

这一宏伟项目的建成得益于不同专业之间跨文化、跨地域与跨时区的协作。酒店的部分设计工作全天候24小时都在进行——奥雅纳在香港、新加坡、波士顿、纽约、伦敦、悉尼和墨尔本的工程师在工作日结束时会将接力棒交给下一个团队。当设计进入关键时期，工程师会在施工现场或临近其他设计部门的地方建立"卓越中心"，最大限度地合作与协调——确保设计的任何环节都不会成为实现最佳方案的障碍。

图 7b8

安装空中花园的箱梁（每块将近
700t）（左）以及悬挑钢结构的
施工现场（右）

© JFE/Yongnam JV © Arup

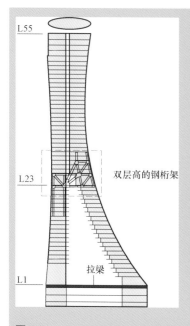

L55

双层高的钢桁架

L23

拉梁

L1

图 7b9

塔楼 1 的剖面图显示了中庭、倾斜部分、桁架和空中花园

© Arup

三座塔楼

每栋塔楼均有 57 层,且采用了矩形的建筑几何平面,主体结构从下半部分开始逐渐剥离开来,为中庭留出空间。这些中庭跨越各塔楼间的缝隙,在首层形成一个统一的中庭。最南端的 1 号塔楼为地面积最大的酒店,其倾斜部分、中厅的高度和跨度也最明显。

塔楼 1 和塔楼 2 倾斜的墙壁对每个结构产生了巨大的永久侧向力,超过了预期的临时风荷载,在施工过程中会形成倾覆的趋势。

倾斜柱的自重导致的短期变形会使结构偏离原来的位置,因此,奥雅纳在进行结构设计时,对酒店的墙和楼板施加了预起拱来抵消这一变形。这一措施确保结构竣工时,所有的构件最终都回到了其正确位置上。

图 7b10

中庭

© Paul McMullin

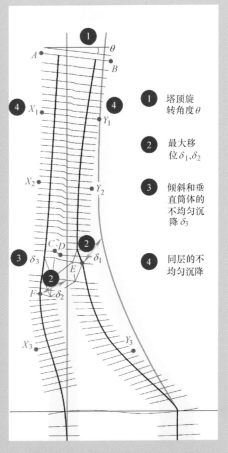

图 7b11

塔楼 1 和塔楼 2 扭转和沉降趋势示意图

© Nigel Whale/Arup

1　塔顶旋转角度 θ

2　最大移位 δ_1、δ_2

3　倾斜和垂直筒体的不均匀沉降 δ_3

4　同层的不均匀沉降

　　每栋塔楼倾斜的筒体通过双层高的钢桁架与主体结构在第 23 层相连（图 7b12）。

　　结构施工到第 23 层以前，已完成结构部分可能产生过大的变形，从而导致应力集中，以及混凝土墙体变形。为了控制这种过大的变形，关键墙体内采用了预应力，并在第 1 层设置了拉梁。

图 7b12

位于第 23 层的钢桁架连接每栋塔楼倾斜和垂直筒体

© Arup

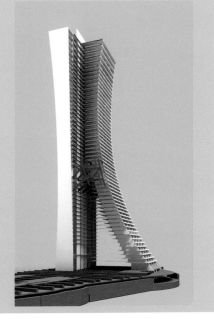

有史以来的最大围堰

滨海湾金沙的填海土地处于不稳定的海洋软黏土之上。该度假村40%以上的混凝土施工活动发生在18～35m的地下，地下室平均深度为20m，因此主要的考虑因素之一是提出一种安全快捷的挖掘方法。奥雅纳的岩土工程师在地下设计了5个巨型钢筋混凝土围堰，可在围堰内进行桩基和下部结构的施工，从而实现更快、更安全的施工进度（图7b13）。这些世界上最大的围堰沉入地下18m，直径达165m。其尺寸和形状为下部结构的施工提供了切实的优势，因为不需要设置耗时的临时支撑。

5座围堰再加上另一个封闭的地下连续墙形成了6个独立的施工现场，可同时进行施工。经过岩土工程师和结构工程师之间的密切协作，某些部位的墙也成为了永久性工程的一部分。

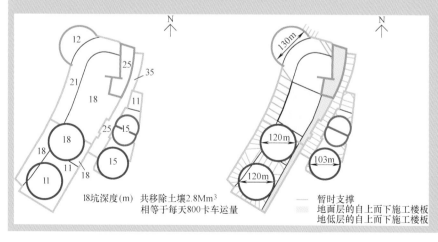

图例：
- 半圆形围堰
- 圆形围堰
- 花生形围堰
- 区域冷却系统深坑

18坑深度(m)　共移除土壤2.8Mm³
相等于每天800卡车运量

—— 暂时支撑
地面层的自上而下施工楼板
地低层的自上而下施工楼板

图7b13

场地鸟瞰图显示了围堰的位置及开挖深度

上图：ⓒ Arup

下图：ⓒ NigelWhale/Arup

案例7b　新加坡滨海湾金沙酒店